"十四五"职业教育国家规划教材

Pro/E应用
项目训练教程

（第三版）

PRO/E YINGYONG XIANGMU XUNLIAN JIAOCHENG

主　编　高　巍　郭　茜　赵春辉

副主编　戴　逸

新形态
教材

中国教育出版传媒集团

高等教育出版社·北京

内容提要

本书是"十四五"职业教育国家规划教材。

本书以项目结构编写而成,通过 20 多个精选的设计项目讲解 Pro/E Creo 8.0 软件的应用,包括认识 CAD/CAM 技术、典型零件设计、装配设计与工程图生成、典型零件的计算机辅助制造。

本书是新形态一体化教材,配套丰富的教学资源,辅学辅教。

本书既可作为高等职业院校工程技术类相关专业的教材,也可作为从事机械设计与制造的工程技术人员的自学辅导书。

图书在版编目(CIP)数据

Pro/E 应用项目训练教程 / 高巍,郭茜,赵春辉主编
. --3 版. --北京:高等教育出版社,2024.1
ISBN 978 - 7 - 04 - 061653 - 8

Ⅰ. ①P⋯   Ⅱ. ①高⋯ ②郭⋯ ③赵⋯   Ⅲ. ①机械设计—计算机辅助设计—应用软件—高等职业教育—教材
Ⅳ. ①TH122

中国国家版本馆 CIP 数据核字(2024)第 003741 号

策划编辑 张尕琳	**责任编辑** 张尕琳 班天允	**封面设计** 张文豪	**责任印制** 高忠富

出版发行	高等教育出版社	**网 址**	http://www.hep.edu.cn
社 址	北京市西城区德外大街 4 号		http://www.hep.com.cn
邮政编码	100120	**网上订购**	http://www.hepmall.com.cn
印 刷	浙江天地海印刷有限公司		http://www.hepmall.com
开 本	787mm×1092mm 1/16		http://www.hepmall.cn
印 张	16.25	**版 次**	2015 年 9 月第 1 版
字 数	395 千字		2024 年 1 月第 3 版
购书热线	010-58581118	**印 次**	2024 年 1 月第 1 次印刷
咨询电话	400-810-0598	**定 价**	39.00 元

配套学习资源及教学服务指南

 二维码链接资源

本书配套模型、扩展阅读等学习资源，在书中以二维码链接形式呈现。手机扫描书中的二维码进行查看，随时随地获取学习内容，享受学习新体验。

打开书中附有二维码的页面　　　　**扫描二维码**　　　　**查看相应资源**

 教师教学资源索取

本书配有课程相关的教学资源，例如，教学课件、应用案例等。选用教材的教师，可扫描以下二维码，关注微信公众号"高职智能制造教学研究"，点击"教学服务"中的"资源下载"，或电脑端访问地址（101.35.126.6），注册认证后下载相关资源。

★如您有任何问题，可加入工科类教学研究中心QQ群：243777153。

本书二维码列表

页码	类型	名称	页码	类型	名称
23	模型	通气盖	130	模型	曲柄滑块机构
31	模型	阀盖	146	模型	活塞连杆组
36	模型	泵轴	152	模型	千斤顶
40	模型	弯管接头	157	模型	平口钳
44	模型	支架	167	模型	端盖
51	模型	单缸航模发动机壳体	176	模型	U 盘
65	模型	轴承座	185	模型	平板
78	模型	风扇叶片	195	模型	手柄
83	模型	鼠标	204	模型	数码相机外壳
90	模型	油壶	227	模型	五边形零件
103	模型	盘盖	248	拓展阅读	CAD/CAM 加工技能训练项目任务书
108	模型	后盖			
119	模型	电风扇	248	拓展阅读	中国高铁——国家骄傲

前　言

本书是"十四五"职业教育国家规划教材。本书坚持以习近平新时代中国特色社会主义思想为指导,贯彻落实党的二十大精神,坚持科技自立自强、人才引领驱动,加快建设教育强国、科技强国、人才强国,坚持为党育人、为国育才,全面提高人才自主培养质量,着力造就拔尖创新人才。

由 PTC 公司推出的 Pro/E 软件凭借其先进的参数化设计、基于特征设计的实体造型、便于移植的设计思想、友好的用户界面和符合工程技术人员要求的功能模块等特点,成为计算机辅助设计与制造领域最受欢迎的软件之一。该软件系统可以按照产品设计制造的一般顺序来模拟设计制造的整个过程,只需要一个产品的三维模型,就可以建立一套与产品造型参数相关的设计、加工和分析产品。

本书精选 20 多个来源实际生产又经过教学改造的项目介绍计算机辅助设计与制造的一般方法,内容翔实、重点突出,体现"做中学"的教学思想。本书按照产品设计从草图、零件、装配、仿真分析、工程图、自动编程加工的顺序编排,系统地帮助读者提高 CAD/CAM 软件技术应用水平,理解参数化技术的精髓。

本书的特色如下:

1. 落实立德树人根本任务,培养工匠精神、劳动精神,树立社会主义核心价值观,培养社会主义接班人。

2. 服务产业发展,对接职业标准,体现新技术、新工艺、新规范,反映岗位职业能力要求。产教融合,校企"双元"合作开发,行业企业人员深度参与编写。

3. 应用互联网技术等现代化教育信息技术手段,一体化开展新形态教材建设,配套丰富教学资源。

4. 结合 1+X 证书制度试点工作,课证融通、书证融通,对提升职业院校相关专业的人才培养质量,助力企业向智能制造转型有重要的现实意义。

5. 针对职业教育生源和教学特点,做中学、做中教。以真实生产项目、典型工作任务为载体,支持项目化、案例式、模块化等教学方法,支持分类、分层教学。

本书共分为四个单元,具体安排内容如下:

第一单元　认识 CAD/CAM 技术

本单元介绍 CAD/CAM 技术的概念、发展历史和常见 CAD/CAM 软件的种类及特点,通过讲解 Pro/E 软件的操作界面、草绘技巧和建模理念等,使读者了解 Pro/E 软件的基本设计思路。

第二单元　典型零件设计

本单元详细讲述 Pro/E 软件的零件设计方法与技巧,涵盖轴类、盘盖类、箱体类、叉架类等典型实体和曲面零件,训练分析、规划和设计零件的能力。

第三单元　装配设计与工程图生成

本单元列举多个装配与机构运动仿真实例,介绍利用 Pro/E 软件进行装配、仿真、动画的技巧;同时介绍在软件的工程图环境中生成零件工程图、组件爆炸图和动画的方法。

第四单元　典型零件的计算机辅助制造

本单元主要介绍利用 Pro/E 软件的制造环境完成典型零件的模具型腔设计和各类自动编程加工的方法。

本书由无锡立信高等职业技术学校高巍、郭茜、赵春辉老师担任主编,无锡技师学院戴逸老师担任副主编,无锡立信高等职业技术学校浦晨舫老师也参与了教材的编写。

由于作者水平有限,书中不足之处在所难免,希望广大读者批评指正。

编　者

目　录

第一单元
认识 CAD/CAM 技术

　　本单元主要介绍 CAD/CAM 技术的概念、发展概况、应用领域和常见 CAD/CAM 软件的种类及特点，然后通过介绍 Pro/E 软件的界面、操作和草绘技巧等，使读者逐渐接触到 Pro/E 软件的基本设计思路。这些知识将在今后各个项目中渗透应用。

项目一

了解 CAD/CAM 技术与主要软件

CAD/CAM 全写为 Computer Aided Design/Computer Aided Manufacture，即计算机辅助设计 / 计算机辅助制造，是以信息技术为主要技术手段来进行产品设计和制造活动的技术，也是世界上发展最快的技术之一。CAD/CAM 技术是现代化制造业与信息化结合的典型技术，促进了生产力的发展，加快了生产模式的转变，影响了市场的发展，且应用领域广泛，本书仅就其在制造业中的应用作介绍。

1.1.1　CAD/CAM 技术介绍

CAD 技术的内涵将会随着计算机和相关行业的发展而不断延伸，以下是各个历史时期关于 CAD 技术的一些描述和定义："CAD 是一种技术，其中人与计算机结合为一个问题求解组，紧密配合，发挥各自所长，从而使其工作优于每一方，并为应用多学科方法的综合性协作提供了可能"［1972 年 10 月国际信息处理联合会（IFIP）在荷兰召开的"关于 CAD 原理的工作会议"］；"CAD 是一个系统的概念，包括计算、图形、信息自动交换、分析和文件处理等方面的内容"（20 世纪 80 年代初，第二届国际 CAD 会议）；"CAD 不仅是一种设计手段，更是一种新的设计方法和思维"（1984 年国际设计及综合讨论会）。

目前较普遍的观点认为：CAD 是指工程技术人员以计算机为工具，运用自身的知识和经验，对产品或工程进行方案构思、总体设计、工程分析、图形编辑和技术文档整理等设计活动的总称，是一门多学科综合应用的新技术。

CAM 技术到目前为止尚无统一的定义，在本书中的 CAM 技术指的是数控程序的编制，包括刀具路线的规划、刀位文件的生成、刀具轨迹仿真以及后置处理和 NC 代码生成等。

CAD/CAM 技术的关键是 CAD、CAPP、CAM、CAE 各系统之间的信息自动交换与共享。集成化的 CAD/CAM 系统借助于工程数据库技术、网络通信技术以及标准格式的产品数据接口技术，把分散于机型各异的各个 CAD、CAPP、CAM 子系统高效、快捷地集成起来，实现软、硬件资源共享，保证整个系统内信息的流动畅通无阻。

随着信息技术、网络技术的不断发展和市场全球化进程的加快，出现了以信息集成为基础的更大范围的集成技术，譬如将企业内经营管理信息、工程设计信息、加工制造信息、产品质量信息等融为一体的 CIMS（计算机集成制造系统，Computer Integrated Manufacturing System）。

CAD/CAM 技术是计算机集成制造系统、并行工程、敏捷制造等先进制造系统中的一项核心技术。

1.1.2　常见 CAD/CAM 软件介绍

（1）Pro/Engineer（简称 Pro/E）是美国 PTC 公司（Parametric Technology Corporation）的著名产品，如图 1-1-1 所示。PTC 公司提出的单一数据库、参数化、基于特征、全相关的概念，改变了机械设计自动化的传统观念，这种全新的观念已成为当今机械设计自动化领域的新标准。基于该观念开发的 Pro/E 软件能将设计至生产全过程集成到一起，让所有的用户能够同时进行同一产品的设计制造工作，实现并行工程。Pro/E 软件包括 70 多个专用功能模块，如特征建模、有限元分析、装配建模、曲面建模、产品数据管理等，具有较完整的数据交换转换器。本书主要讲解 Pro/E 软件 8.0 版本的使用方法。

图 1-1-1　Pro/E

（2）UG 是美国 UGS（Unigraphics Solutions）公司（现已被 SIEMENS 公司收购）的旗舰产品，如图 1-1-2 所示。UGS 公司首次突破传统 CAD/CAM 模式，为用户提供一个全面的产品建模系统。UG 软件采用将参数化和变量化技术与实体、线框和表面功能融为一体的复合建模技术，其主要优势是三维曲面、实体建模和数控编程功能，具有较强的数据库管理和有限元分析前后处理功能。UG 软件汇集了美国航空航天工业及汽车工业的专业经验，现已成为世界一流的集成化机械 CAD/CAM/CAE 软件，并被众多公司选作计算机辅助设计、制造和分析的标准。

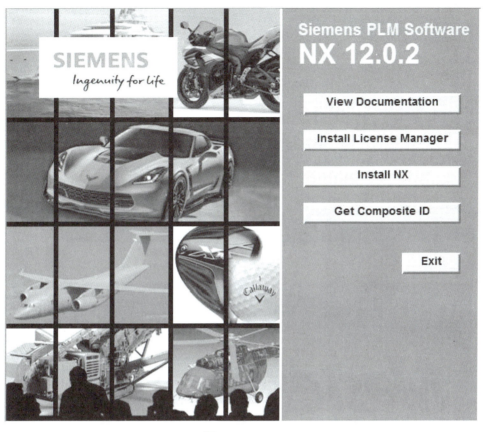

图 1-1-2　UG

（3）**Cimatron** 是以色列 Cimatron 公司旗下的产品,如图 1-1-3 所示。Cimatron 为客户提供了处理复杂零件和复杂制造循环的能力,多年来,在世界范围内,Cimatron 软件的 CAD/CAM 解决方案已成为企业中不可或缺的工具之一。

（4）**Mastercam** 是美国 CNC Software 公司开发的产品,如图 1-1-4 所示。Mastercam 软件集二维绘图、三维实体造型、曲面设计、体素拼合、数控编程、刀具路径模拟及真实感模拟等功能于一身。它具有直观的几何造型,提供了设计零件外形所需的理想环境,其强大稳定的造型功能可设计出复杂的曲线、曲面零件。Mastercam 软件已广泛应用于机械工业、航空航天工业、汽车工业等,尤其在各种各样的模具制造中发挥了重要的作用。

🌐 技巧提示

　　常用的 CAD/CAM 软件种类很多,每套软件都有其强项,可以多接触几套相关的软件,相互结合发挥各个软件的长处。

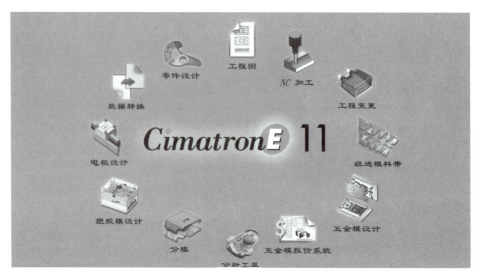

图 1-1-3 Cimatron

图 1-1-4 Mastercam

认识 Pro/E 软件

正确安装 Pro/E 软件后,通过双击图标 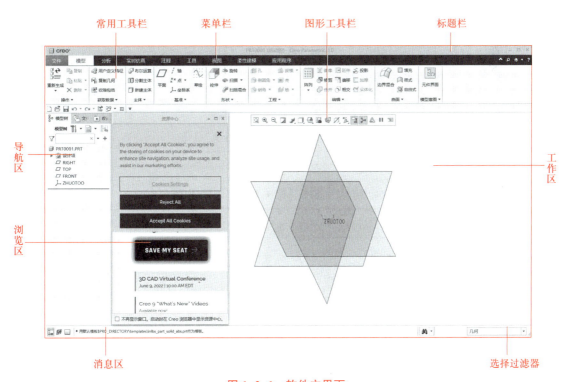 就能打开软件,软件主界面如图 1-2-1 所示。主界面的主要组成部分包括菜单栏、常用工具栏、工作区、标题栏、消息区、选择过滤器和导航区等。

图 1-2-1　软件主界面

1.2.1　菜单栏与常用工具栏

软件主界面中的菜单栏和常用工具栏包含了软件几乎所有的指令,所有对特征的创建、修改、删除等操作都可以通过其实现。

（1）菜单栏　新建或打开对象时进入的软件环境不同,系统加载的菜单栏也不尽相同。图 1-2-2 所示为零件环境的菜单栏;图 1-2-3 所示为 NC 组件子环境的菜单栏。

| 文件 | 模型 | 分析 | 实时仿真 | 注释 | 工具 | 视图 | 柔性建模 | 应用程序 |

图 1-2-2　零件环境的菜单栏

| 文件 | 模型 | 分析 | 实时仿真 | 注释 | 人体模型 | 工具 | 视图 | 框架 | 应用程序 |

图 1-2-3　NC 组件子环境的菜单栏

各菜单包含的主要功能见表 1-2-1。

表 1-2-1　各菜单的主要功能

文件	新建、打开、保存、另存、拭除、删除等文件处理操作
模型	模型和特征操作
分析	分析模型的各种属性,包括测量功能、模型属性、几何特性等
实时仿真	模拟仿真模型的受力变形等情况
注释	进行模型、特征等的注释
工具	支持定制个性化工作环境
视图	控制模型显示方式,包括着色、渲染、可见性等
柔性建模	用于产品设计的后期更改和修改非 PTC 公司的模型
应用程序	在软件各个功能模块间切换,如 NC 后处理器、机构仿真、动画等
人体模型	调用人体模型进行仿真分析
框架	进行项目的设计及修改

（2）工具栏　在 Pro/E 软件中,一些使用频率较高的命令被做成图标的方式放置在较易寻找并点击的区域中,大幅提高了工作的效率。

① 窗口顶部常用工具栏

【快速访问】工具栏如图 1-2-4 所示,可以实施打开和保存文件、撤消、重做、重新生成、关闭窗口、切换窗口等操作。

图 1-2-4　【快速访问】工具栏

【图形】工具栏如图 1-2-5 所示,可以隐藏或显示工具栏上的按钮,通过单击右键并从快捷菜单中选取位置,可以更改工具栏的位置。

图 1-2-5　【图形】工具栏

【浮动】工具栏如图 1-2-6 所示,用于创建或重新定义特征功能。

【模型显示】工具栏如图 1-2-7 所示,可以实现在各类线框显示方式和着色显示方式间切换。

【基准显示】工具栏如图 1-2-8 所示,用于控制点、线、面、坐标原点、注释等基准要素的显示与隐藏。

图 1-2-7　【模型显示】工具栏

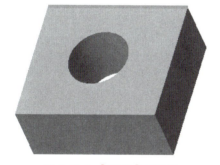

图 1-2-6　【浮动】工具栏

图 1-2-8　【基准显示】工具栏

② 常用工具栏

常用工具栏位于软件主界面的上方,为一些常用工具提供快捷操作的可能性。如图 1-2-9 所示【模型】工具栏包括操作、获取数据、主体、基准、形状、工程、编辑、曲面和模型意图等不同类型的操作命令。

图 1-2-9　【模型】工具栏

1.2.2　工作区

工作区由分割条分为三个部分,分别是工作区、导航区和浏览器,可自由伸展收缩与隐藏显示,如图 1-2-10 所示。

（1）**工作区**　工作区是使用者与软件系统的主要交互区域,可以用多种方式显示、查看、操纵设计对象,有效控制设计结果。

（2）**导航区**　位于工作区左侧,包含模型树、文件夹浏览器和收藏夹在内的三个不同的选项卡,如图 1-2-10 所示。

（3）**浏览器区**　主要用于浏览文件、预览模型和使用 PTC 资源中心,如图 1-2-11 所示。

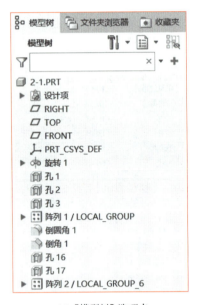

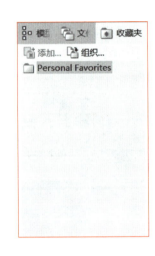

(a)【模型树】选项卡　　　　　(b)【文件夹浏览器】选项卡　　　　　(c)【收藏夹】选项卡

图 1-2-10　导航区的三个选项卡

图 1-2-11　浏览器区

1.2.3 特征工具栏与菜单管理器

（1）**特征工具栏** 在软件操作过程中,点击某一特征命令后会出现相应的特征工具栏,按提示设定需要的要素即可创建一个特征。如图 1-2-12 所示为拉伸特征工具栏,位于窗口的中上方。

图 1-2-12 拉伸特征工具栏

（2）**菜单管理器** 菜单管理器是 Pro/E 软件的标志性元素,从早期的 2000i 版本延续至今,可以逐层展开或收缩,很是方便。如图 1-2-13 所示为模具型腔环境的菜单管理器。

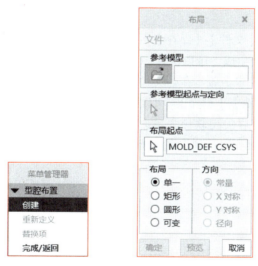

图 1-2-13 模具型腔环境的菜单管理器

1.2.4 Pro/E 的基本文件操作

Pro/E 的基本文件操作包含设置工作目录、创建新文件、保存文件、拭除文件等。

（1）**设置工作目录** 可以设置指定的目录作为保存存档和过程文件的工作目录。通过点击【文件】-【设置工作目录】,选择文件夹,点击【确定】完成设置工作目录。

（2）**创建新文件** 点击【文件】-【新建】,选择需要的类型和子类型并输入文件名称(数字或字母组成),如图 1-2-14 所示,然后选择正确的模板(图 1-2-15)点击【确定】完成创建新文件。

图 1-2-14 【新建】对话框

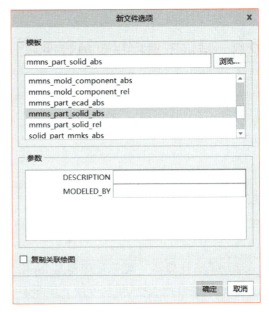

图 1-2-15 【新文件选项】对话框选择模板

（3）保存文件 点击【文件】-【保存】，系统会在设定好的工作目录中生成存档文件，点击Pro/E 的保存按钮每次都会生成一个以保存序号为后缀的存档，如第 1 次存盘生成文件 a.prt.1，第 2 次生成 a.prt.2，……。多个版本存档文件的存在会占用较多的系统资源，当确认只有最新版本有用时，可以通过【文件】-【删除】-【旧版本】来删除过程存档，只保留最新的存档。

（4）拭除文件 绘图后关闭软件之前，文件均驻留在电脑内存中，可以用【文件】-【拭除】命令将文件从内存中拭除以达到提高系统绘图性能的目的，但是要注意是否已确实存盘。

1.2.5 鼠标操作

软件推荐使用三键鼠标以便于操作，软件中鼠标的操作如图 1-2-16 所示。

左键：点击菜单、工具；选择模型中的图素

右键：切换选择对象，弹出右键菜单

常用操作提示：
● 缩放模型：滚轮滚动
● 旋转模型：按住滚轮并且移动鼠标
● 平移：按SHIFT键+滚轮并且移动鼠标

中键、滚轮：缩放模型、确认完成操作

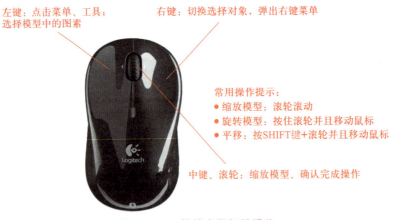

图 1-2-16 软件中鼠标的操作

【项目介绍】

在工程类三维 CAD/CAM 软件中,特征的定义与修改依赖于平面草绘,平面草绘是整个三维模型的基石。想要熟练掌握包括 Pro/E 在内三维 CAD/CAM 软件,精确而快速的平面绘图能力必不可缺。

Pro/E 软件平面草绘的基本思路是画出大致轮廓后再添加尺寸和几何约束使之最终精确化,并不要求在绘图初期使用实际尺寸而只需大体比例协调,这一点与 AutoCAD、CAXA 电子图板等软件需要画一笔确定一笔的操作要求有明显的不同。

1.3.1 创建与编辑图元

创建新文件时选择草绘类型或者在其他类型中点击【草绘】命令,均可以进入到草绘环境中,利用该环境下的图元绘制工具、图元编辑工具和标注约束工具可以完成图形的创建。

图元的创建与修改可以通过如图 1-3-1 所示的【草绘】工具栏实现,这个工具栏包含了构造模式、点、线、矩形、圆、曲线等多种草绘命令,也包含了修改、镜像、分割、删除段、拐角等编辑命令以及标注、修改、约束等多种实用工具。

图 1-3-1 【草绘】工具栏

1.3.2 标注与修改尺寸

Pro/E 是全尺寸约束与驱动的工程软件,可以通过激活 Pro/E 软件的目的管理器动态标注和约束几何图元以提高工作效率,这时系统会自动对图元进行尺寸标注和几何条件约束,这类尺寸叫作弱尺寸,这类尺寸只能隐藏不能删除,而且不一定完整,不能完全满足设计者的需要。设计者可以通过【标注】命令 ↔ 手动添加需要的尺寸,这类尺寸称为强尺寸,强尺寸删除后退化为弱尺寸。标注尺寸时要注意尺寸不能过定义,即根据已有强尺寸能推算出的尺寸不需要再进行标注,如图 1-3-2 所示即为出现尺寸过定义的情况。双击数字可以修改尺寸大小,同时也可以通过单击右键对尺寸进行锁定、解锁、加强等操作。

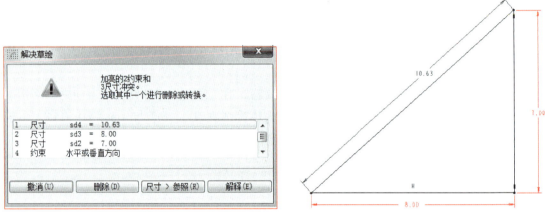

图 1-3-2 尺寸过定义

1.3.3 添加几何约束

草绘中的图元互相间存在的几何关系在 Pro/E 软件中被称为几何约束,在 Creo8.0 中提供了 9 种常见的几何约束(图 1-3-3),通过点击约束中的快捷按钮可以快速在各个图元之间添加合适的几何关系,但同样应注意与尺寸的配合,避免发生过定义的情况。几何约束在添加完毕后也可以通过点击约束符号后用 DELETE 键删除。

图 1-3-3 9 种几何约束

1.3.4　平面草绘项目实例

本实例通过一个平面草绘创建过程来实际讲解各个草绘工具的使用方法,手柄草绘图形如图 1-3-4 所示。

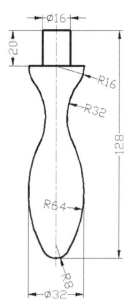

图 1-3-4　手柄草绘

【操作步骤】

1. 点击【文件】-【新建】,选择【草绘】类型,输入名称为"shoubing",点击【确定】,如图 1-3-5 所示。

2. 点击【草绘】工具栏中的【中心线】命令 ,绘制一条竖直的中心线作为绘图基准,如图 1-3-6 所示。

3. 点击【矩形】命令 ,绘制关于中心线左右对称的矩形,标注尺寸为 16×20,如图 1-3-7 所示。

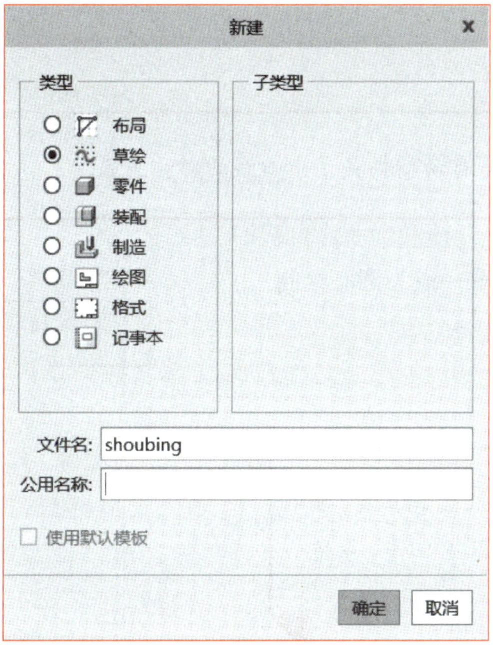

图 1-3-5　新建草绘

图 1-3-6　绘制中心线

15

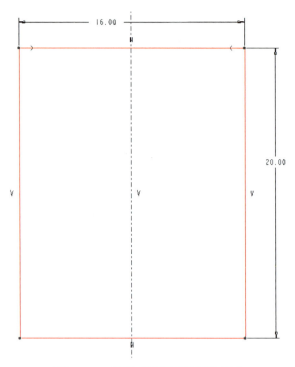

图 1-3-7　绘制对称矩形并标注尺寸

技巧提示

绘制完中心线后，绘制图元时系统将自动捕捉关于中心线的对称关系。

4. 点击【圆】命令 ⭕ ，在中心线上选取一点为圆心绘制如图 1-3-8 所示圆，标注定位尺寸及定形尺寸。

技巧提示

在输入尺寸数字的时候支持直接输入数学算式，如图 1-3-8 中圆的定位尺寸可直接输入 128-8 回车，系统会计算出算式结果。

5. 绘制圆并标注半径为 16，如图 1-3-9 所示。绘制该圆的直径线，点击【草绘】工具栏中的【修改】命令 🔧 ，删除多余的线条，如图 1-3-10 所示。

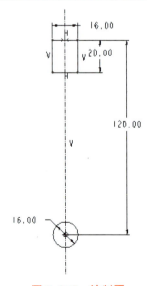

图 1-3-8　绘制圆

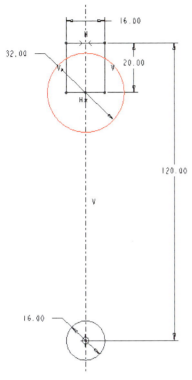

图 1-3-9 绘制半径为 16 的圆

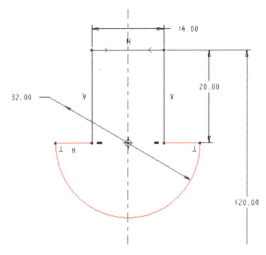

图 1-3-10 绘制直径线并修剪

技巧提示

　　修剪时可以单击修剪,也可按住鼠标左键不放,利用出现的红色轨迹线碰红要删除的对象后放开,后者在一次性删除多个对象的时候使用较为方便。

　　6. 点击【弧】命令 绘制 R64 的圆弧,并与下端小圆相切,如图 1-3-11 所示。绘制竖直参考线,与该圆弧相切,标注该参考线到中心线的距离为 16,如图 1-3-12 所示。

　　7. 点击【圆角】命令 绘制圆角,对象选择 R64 圆弧与上部 ϕ32 圆弧,圆角大小为 R32,如图 1-3-13 所示。修剪多余直线,如图 1-3-14 所示。

　　8. 按住 CTRL 键,点选右侧曲线,点击【镜像】命令 ,选择中心参考线作为镜像线,完成镜像,如图 1-3-15 所示。

　　9. 点击【文件】-【保存】,保存图形文件。

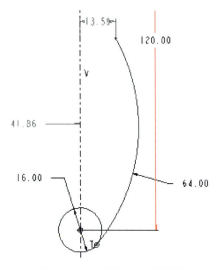

图 1-3-11　绘制 R64 的圆弧

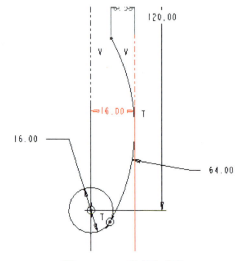

图 1-3-12　绘制参考线

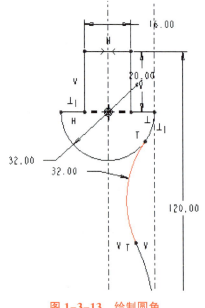

图 1-3-13　绘制圆角

图 1-3-14　修剪图元

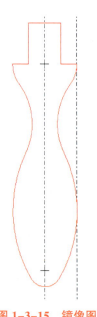

图 1-3-15　镜像图元

单 元 练 习

1. 绘制如图 1-4-1 所示的草图。

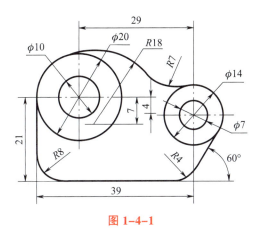

图 1-4-1

2. 绘制如图 1-4-2 所示的草图。

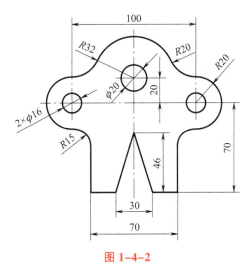

图 1-4-2

3. 绘制如图 1-4-3 所示的草图。

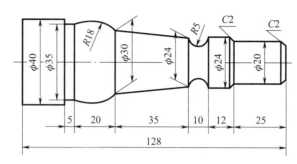

图 1-4-3

4. 绘制如图 1-4-4 所示的草图。

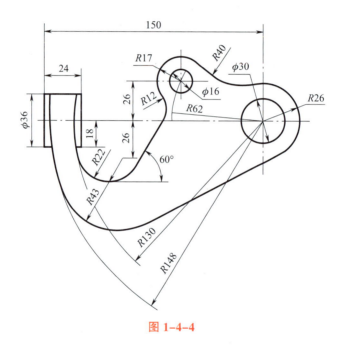

图 1-4-4

第二单元
典型零件设计

　　本单元精选了十个基础零件设计项目与两个能力拓展训练项目，从实体零件设计与曲面零件设计两方面着手，讲解零件设计的思路与技巧，带领读者在完成项目的过程中挖掘 Pro/E 软件零件环境的特点，掌握设计能力和技巧。

项目一

通气盖设计

 【项目介绍】

　　盘盖类零件的主体多数由共轴回转体组成,当然也有一些方形的主体,这类零件一般用于传递动力、改变速度、转换方向、支承、轴向定位或密封。本项目以典型盘盖零件通气盖为例(图 2-1-1),介绍该类零件的建模方法。

模型

通气盖

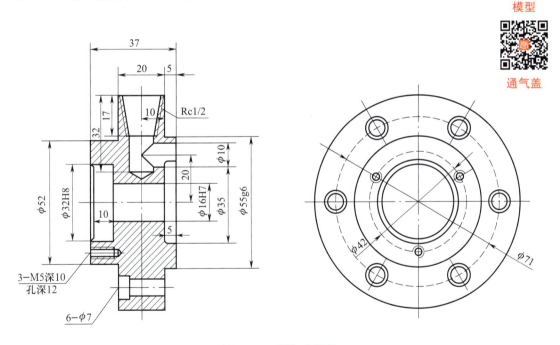

图 2-1-1 通气盖零件

 【操作步骤】

1. 点击【文件】-【新建】,选择【零件】类型【实体】子类型,输入名称为"1",取消勾选

【使用默认模板】选项,点击【确定】按钮,在弹出的【新文件选项】对话框中选择"mmns_part_solid_abs"模板,点击【确定】进入零件环境,如图 2-1-2、图 2-1-3 所示。

🌐 技巧提示

在未修改系统环境参数的情况下,Pro/E 软件的默认模板参数并非国标参数,如长度单位为英制而并非公制,我们可以通过选择合适的设计模板解决这一问题,在初创零件时应尤其注意,其中 mmns_part_solid_abs 为绝对精度,mmns_part_solid_rel 为相对精度。

图 2-1-2 【新建】对话框

图 2-1-3 【新文件选项】对话框选择模板

2. 选择 FRONT 面为草绘面,使用默认参照,进入草绘环境,绘制如图 2-1-4 所示草绘,点击【确定】按钮 ✔。点击【旋转】命令 ◈,软件弹出如图 2-1-5 所示【旋转】工具栏,草绘中的中心线默认为旋转轴,得到如图 2-1-6 所示旋转特征。

3. 点击【孔】命令 📷,选择孔类型为"平整",设置孔直径为32,深度方式为盲孔 ⬇️,深度为10,点击【放置】选项卡,按住 CTRL 键连续点选凸台端面和旋转特征的旋转轴,点击【确定】按钮,如图 2-1-7、图 2-1-8 所示。

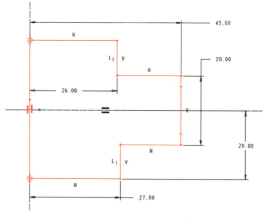

图 2-1-4 旋转草绘

图 2-1-5　【旋转】工具栏

图 2-1-6　旋转特征

　　4. 点击【孔】命令 ，选择孔类型为"平整"，设置孔直径为16，深度方式为穿透 ，点击【放置】选项卡，按住 CTRL 键连续点选凸台端面和旋转轴，点击【确定】按钮，如图 2-1-9 所示。

　　5. 点击【孔】命令 ，选择孔类型为"平整"，设置孔直径为35，深度方式为盲孔 深度为5，点击【放置】选项卡，按住 CTRL 键连续点选凸台另一侧端面和旋转轴，点击【确定】按钮，如图 2-1-10 所示。

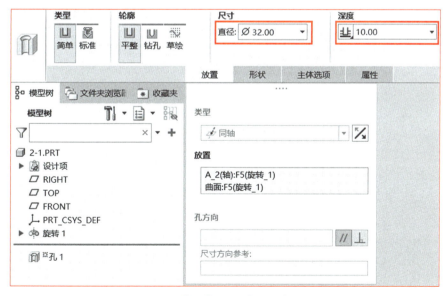

图 2-1-7　【孔】工具栏【放置】选项卡

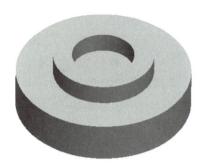

图 2-1-8　孔特征

图 2-1-9　孔特征

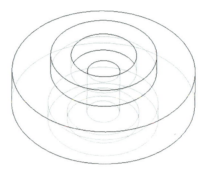

图 2-1-10　另一侧端面的孔特征

6. 点击【孔】命令 ▦ ,选择孔类型为"平整",设置孔直径为7,深度方式为穿透 ▦ ,点击【放置】选项卡,选择孔的定位类型为"径向",选择平面参照为 RIGHT 基准面,角度值为30°,选择轴参照为旋转轴,径向距离为35.5,点击【确定】按钮,如图 2-1-11、图 2-1-12 所示。

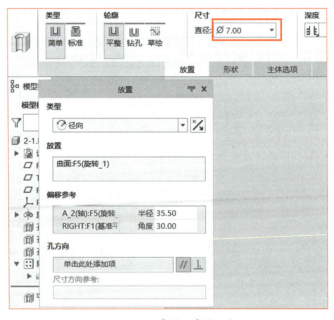

图 2-1-11　【放置】选项卡

7. 点击【孔】命令 ，选择孔类型为"平整"，设置孔直径为 10，深度方式为盲孔 ，深度为 5，点击【放置】选项卡，按住 CTRL 键选择图 2-1-12 中所示表面并选择上一步孔的轴线，点击【确定】按钮，如图 2-1-13 所示。

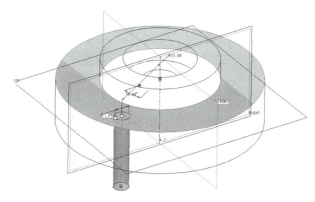

图 2-1-12 径向方式孔特征

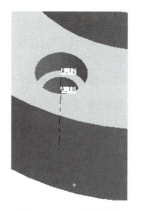

图 2-1-13 孔特征

8. 在左侧模型树上按住 CTRL 键连续点选上两步生成的孔特征，在右键菜单中点击【分组】命令将其编为一组。

9. 点击上一步创建的组特征后，点击【阵列】命令 ，选择类型为"轴"，点选旋转特征旋转轴作为阵列轴，输入阵列个数（第一方向成员）为 6，阵列角度（成员间的角度）为 60°，点击【确定】按钮，如图 2-1-14、图 2-1-15 所示。

10. 点击【圆角】命令 ，选择如图 2-1-16 所示边缘，设置圆角半径为 2，点击【确定】按钮。

图 2-1-14 【阵列】工具栏

图 2-1-15 阵列孔特征

图 2-1-16 圆角特征

11. 点击【倒角】命令 ，选择如图 2-1-17 所示边缘，设置倒角方式为 D×D，倒角距离为 2，点击【确定】按钮。

12. 点击【孔】命令 ，选择孔类型为简单 （使用草绘定义钻孔轮廓），点击【草绘】命令 绘制如图 2-1-18 所示草绘，点击【放置】选项卡，点击旋转特征圆柱面作为孔的放置面，放置方式选择径向，选择平面参照为 RIGHT 面，角度值为 0，选择轴向参照为 TOP 面，径向距离为 0，点击【确定】按钮，如图 2-1-19 所示。

13. 点击【孔】命令 ，选择孔类型为"平整"，设置孔直径为 10，深度方式为穿至 ，选择上一步生成孔的轴线（A_25 轴）为截止参照，点击【放置】选项卡，孔的放置面为凸台端面，放置类型为径向，选择平面参照为 RIGHT 面，角度值为 0，选择轴参照为 A_2 轴，径向距离为 20，点击【确定】按钮，如图 2-1-20 所示。

图 2-1-17　倒角特征

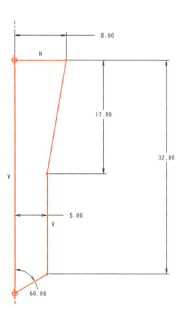

图 2-1-18　孔轮廓草绘

图 2-1-19　草绘孔特征

图 2-1-20　孔特征

14. 点击【工程】-【修饰螺纹】命令,在弹出的【修饰螺纹】工具栏中选择凸台上表面为螺纹起始曲面,选择上一步生成的孔回转面为螺纹曲面,【方向】选择正向,点击【确定】按钮,完成修饰螺纹的创建,如图 2-1-21 所示。

图 2-1-21　【修饰螺纹】工具栏

15. 将第 13 步生成的孔与第 14 步生成的修饰螺纹编为一组,对其作圆周阵列,阵列轴选择旋转特征旋转轴,设定阵列数量为 3,阵列角度为 120°,如图 2-1-22 所示。

图 2-1-22　阵列螺纹孔

16. 点击【文件】-【保存】,保存文件并关闭窗口。

技巧提示

提示 1:圆周阵列特征的实现方法(选中要阵列的特征(对于多个特征需要通过右键菜单的【分组】命令预先进行编组),点击【阵列】命令 ▦ ,选择类型为"轴",设置阵列个数为 4,每个特征之间角度间隔为 90°。【阵列】工具栏如图 2-1-23 所示。

图 2-1-23　【阵列】工具栏

提示2：旋转特征是将草绘按指定的旋转方向，以某一旋转角度绕中心线旋转而成的特征，可用于创建回转体或回转曲面。该特征的创建有如下注意事项：

　　（1）旋转特征的深度选项、加减材料的方式都和拉伸特征类似。

　　（2）旋转草绘必须至少有一条中心线，草绘图形必须分布在旋转轴的一侧，实体旋转特征的草绘须封闭。当草绘中存在多于一条中心线时，第一条画上的中心线会被认作旋转轴。

　　提示3：修饰螺纹是表示螺纹直径的修饰特征，以洋红色显示。可以通过指定螺纹内径或外径（分别对应外螺纹与内螺纹）、起始曲面和螺纹长度（或终止边）来创建。修饰螺纹的线型不能修改，也不受模型显示方式的影响，螺纹以默认极限公差设置来创建。

项目二

阀盖设计

【项目介绍】

本项目以如图 2-2-1 所示阀盖零件为例，继续练习盘盖类零件的创建。整个建模过程需要根据其结构特点，综合使用各种建模工具，主要用到旋转特征、拉伸特征、圆角特征、阵列特征和修饰螺纹等命令。

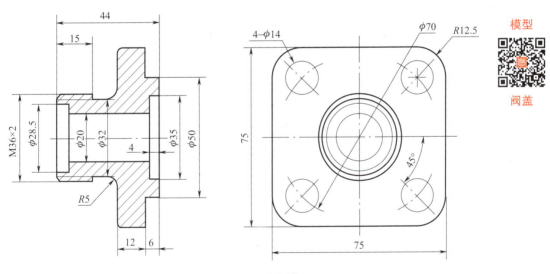

图 2-2-1　阀盖零件

【操作步骤】

1. 点击【文件】-【新建】，选择【零件】类型【实体】子类型，输入名称为"2"，取消勾选【使用默认模板】选项，点击【确定】按钮，在弹出的【新文件选项】对话框中选择"mmns_part_solid_abs"模板，点击【确定】进入零件环境，如图 2-2-2、图 2-2-3 所示。

图 2-2-2 【新建】对话框

图 2-2-3 【新文件选项】对话框选择模板

2. 点击【旋转】命令 ，选择 FRONT 面为草绘面,使用默认参照,进入草绘环境,绘制如图 2-2-4 所示草绘,点击【确定】按钮,得到如图 2-2-5 所示旋转特征。

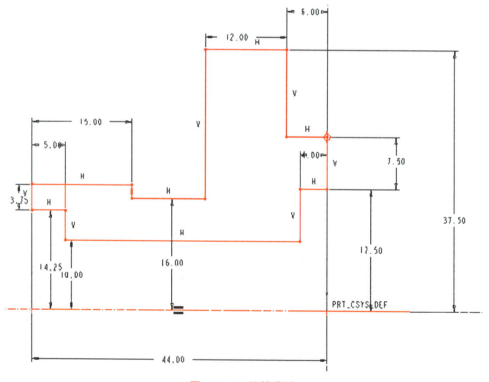

图 2-2-4 旋转草绘

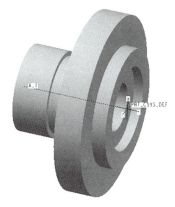

图 2-2-5　旋转特征

3. 点击【拉伸】命令 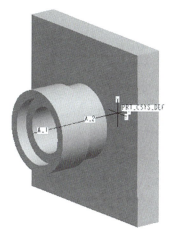，选择图 2-2-5 所示 φ75 大圆端面进入草绘环境,绘制如图 2-2-6 所示草绘,拉伸深度为 12,得到如图 2-2-7 所示拉伸特征。

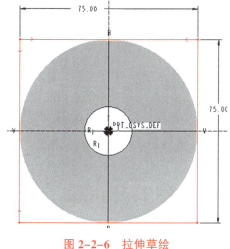

图 2-2-6　拉伸草绘

图 2-2-7　拉伸特征

4. 点击【圆角】命令 ,设置圆角大小为 12.5,点选上一步中生成正方体的四条棱线,生成如图 2-2-8 所示圆角特征。

5. 点击【圆角】命令 ,设置圆角大小为 3,生成圆角特征,如图 2-2-9 所示。

6. 点击【圆角】命令 ,设置圆角大小为 5,生成圆角特征,如图 2-2-10 所示。

7. 点击【圆角】命令 ,设置圆角大小为 1,生成圆角特征,如图 2-2-11 所示。

图 2-2-8　圆角特征

图 2-2-9 圆角特征

图 2-2-10 圆角特征

8. 点击【倒角】命令 ，设置倒角大小为 1.5，给零件前端添加倒角特征，如图 2-2-12 所示。

图 2-2-11 圆角特征

图 2-2-12 倒角特征

9. 点击【拉伸】命令 ，选择 75×75 正方形端面进入草绘环境，绘制如图 2-2-13 所示草绘，点击【移除材料】命令 ，设置拉伸方式为穿透 ，如图 2-2-14 所示。

10. 点击【工程】-【修饰螺纹】命令，在弹出的【修饰螺纹】工具栏中选择左侧表面为螺纹起始曲面，选择外圆柱面为螺纹曲面，【方向】选择正向，类型为【盲孔】螺纹长度为 15，点击【确定】按钮，完成修饰螺纹的创建，如图 2-2-15、图 2-2-16 所示。

11. 点击【文件】-【保存】，保存文件并关闭窗口。

🌐 技巧提示

在 Pro/E 软件中，实线绘制完毕后，左键选中，按住右键弹出右键菜单，移动到右键菜单的"构造"选项上放开，即可将实线转换为构造线，同理，构造线也可通过右键菜单中的"实体"选项转换为实线。

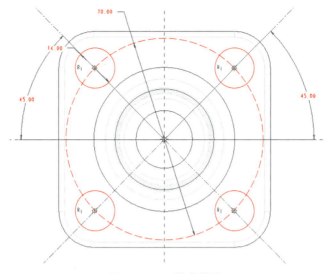

图 2-2-13　拉伸草绘

图 2-2-14　孔特征

图 2-2-15　修饰螺纹特征

图 2-2-16　【修饰螺纹】工具栏

项目三

泵轴设计

【项目介绍】

　　轴套类零件一般指带有回转特征类的零件,回转是这类零件的一个最基本的特征,它的作用通常是定心、定位、支承和传递力与运动。本例将以如图 2-3-1 所示泵轴零件为例,介绍轴类零件的设计方法,主要用到旋转特征、拉伸特征和创建基准平面等命令。

模型

泵轴

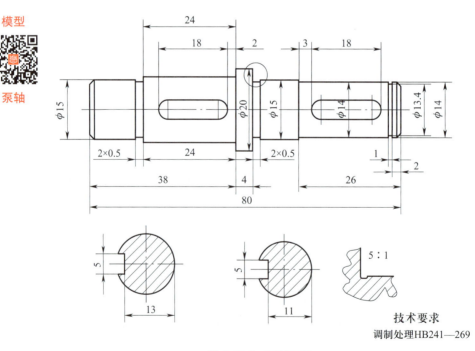

图 2-3-1　泵轴零件

【操作步骤】

1. 点击【文件】-【新建】,选择【零件】类型【实体】子类型,输入名称为"3",取消勾选【使用默认模板】选项,点击【确定】按钮,选择"mmns_part_solid_abs"模板,点击【确定】进入零件环境。

2. 点击【旋转】命令 ,选择 FRONT 面为草绘面,使用默认参照,进入草绘环境,绘制如图 2-3-2 所示草绘,点击【确定】按钮,得到如图 2-3-3 所示旋转特征。

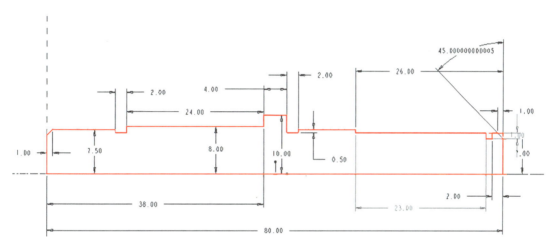

图 2-3-2 旋转草绘

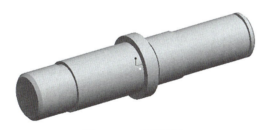

图 2-3-3 旋转特征

3. 点击【平面】命令 建立新基准面,选择 TOP 面,设定偏移距离为5,【基准平面】对话框如图 2-3-4 所示,建立新基准面"DTM1",如图 2-3-5 所示。该基准面为 $\phi16$ 轴上键槽的底面。

4. 点击【拉伸】命令 ,点击上一步新建的"DTM1"面进入草绘环境,绘制如图 2-3-6 所示草绘,点击【移除材料】命令 ,设置拉伸方式为穿透 ,拉伸方向朝薄侧,如图 2-3-7 所示。

5. 点击【平面】命令 建立新基准面,选择 TOP 面,设定偏移距离为4,建立新基准面"DTM2",如图 2-3-8 所示。该基准面为 $\phi14$ 轴上键槽的底面。

图 2-3-4 【基准平面】对话框

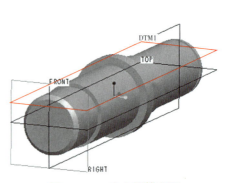

图 2-3-5 建立新基准面

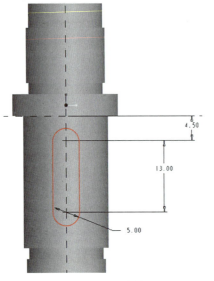

图 2-3-6 拉伸草绘

图 2-3-7 键槽结构

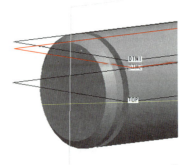

图 2-3-8 建立新基准面

6. 点击【拉伸】命令 ，点击上一步新建的"DTM2"面进入草绘环境,绘制如图2-3-9所示草绘,点击【移除材料】命令 ，设置拉伸方式为穿透 ，拉伸方向朝薄侧,如图2-3-10所示。

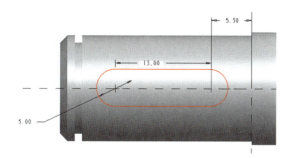

图 2-3-9　拉伸草绘

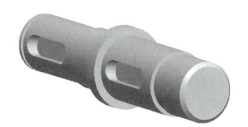

图 2-3-10　泵轴零件

7. 点击【文件】–【保存】,保存文件并关闭窗口。

技巧提示

提示 1:轴套类零件结构的主体部分大多是同轴回转体,常带有键槽、轴肩、螺纹、退刀槽或砂轮越程槽等结构。

提示 2:轴上键槽的做法通常是通过读图确定键槽底部平面距轴对称面的距离,通过偏移的方式生成键槽底部的基准平面,在该平面上绘制出键槽的形状,然后朝薄侧贯穿切除。

项目四

弯管接头零件设计

【项目介绍】

弯管接头是连接两向管道的转接零件,弯管是该零件的一个最基本的特征。本例将以如图 2-4-1 所示弯管接头零件为例,介绍该类零件的设计方法,主要用到扫描特征、拉伸特征、创建基准平面和修饰螺纹等命令。

模型

弯管接头

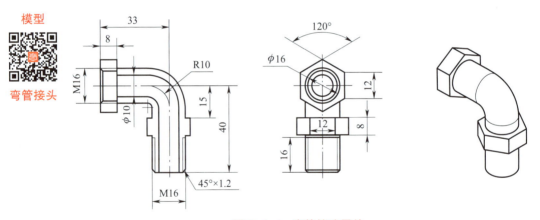

图 2-4-1 弯管接头零件

【操作步骤】

1. 点击【文件】-【新建】,选择【零件】类型【实体】子类型,输入名称为"4",取消勾选【使用默认模板】选项,点击【确定】按钮,选择"mmns_part_solid_abs"模板,点击【确定】进入零件环境。

2. 点击【扫描】命令 ,在菜单管理器中右侧点击基准中的【草绘】命令 ,如图 2-4-2 所示,选择 FRONT 面为草绘面,使用默认参照,进入草绘环境,绘制如图 2-4-3 所示草绘,点击【确定】按钮,进入绘制截面的界面,绘制如图 2-4-4 所示的扫描截面,点击【确定】按钮完成扫描特征,如图 2-4-5 所示。

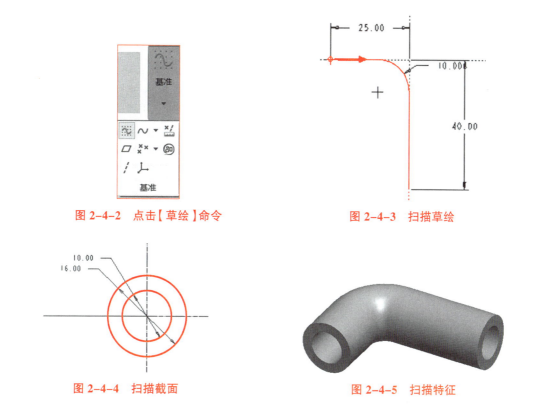

图 2-4-2　点击【草绘】命令

图 2-4-3　扫描草绘

图 2-4-4　扫描截面

图 2-4-5　扫描特征

3. 点击【拉伸】命令 ，选择弯管左端面绘制如图 2-4-6 所示草绘，设置拉伸深度为 10，得到如图 2-4-7 所示拉伸特征。

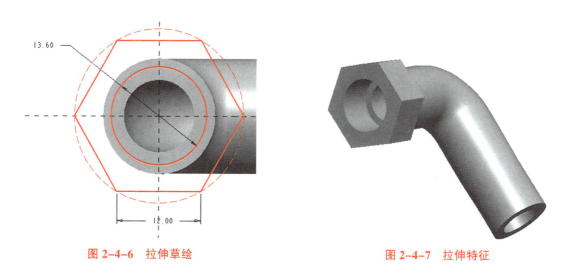

图 2-4-6　拉伸草绘

图 2-4-7　拉伸特征

4. 点击【工程】-【修饰螺纹】命令，在弹出的【修饰螺纹】工具栏中选择左侧表面为螺纹起始曲面，选择内圆柱面为螺纹曲面，【方向】选择正向，类型为【盲孔】，螺纹长度为 10，螺纹大径为 16，点击【确定】按钮，完成修饰螺纹的创建，如图 2-4-8 所示。

图2-4-8　修饰螺纹

5. 点击【平面】命令 ▱ ，选择TOP面，设定向下偏移距离为15，建立新基准面"DTM1"，如图2-4-9所示。

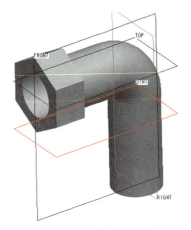

图2-4-9　建立新基准面

6. 点击【拉伸】命令 ，选择DTM1面绘制如图2-4-10所示草绘，设置向下拉伸深度为10，得到如图2-4-11所示拉伸特征。

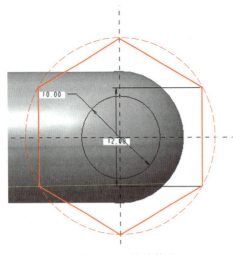

图2-4-10　拉伸草绘

图2-4-11　拉伸特征

7. 点击【倒角】命令 🔧，设置倒角大小为 C1.2，选择轴端部，生成倒角特征，如图 2-4-12 所示。

8. 点击【工程】-【修饰螺纹】命令，在弹出的【修饰螺纹】工具栏中选择下端面为螺纹起始曲面，选择外圆柱面为螺纹曲面，【方向】选择正向，类型为【盲孔】，螺纹长度为 16，接受默认的螺纹大径，点击【确定】按钮，完成修饰螺纹的创建。得到如图 2-4-13 所示的弯管接头零件。

图 2-4-12　倒角特征

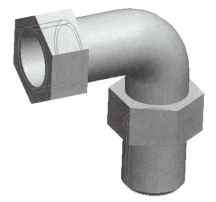

图 2-4-13　弯管接头零件

9. 点击【文件】-【保存】，保存文件并关闭窗口。

⊕ 技巧提示

扫描特征根据轨迹的不同情况，生成要求也有所不同。

1. 轨迹线开放，此种情况下，轨迹线的起始点必须是轨迹链的起点或是尾点，可以用右键菜单更换起始点。

2. 轨迹线封闭，此种情况下，可以选择生成：

（1）增加内部因素，即实心，草绘截面时截面朝向轨迹内部的线条需删除。

（2）无内部因素，即空心，草绘截面应当封闭。

3. 当扫描特征与旁边特征相交时，可以选择【合并终点】，以达到与配合特征的无缝融合。

项目五

支架零件设计

【项目介绍】

    叉架类零件主要起连接、拨动、支承等作用,典型的叉架类零件主要包括拨叉、连杆、支架、摇臂等。本项目以一个典型叉架类零件支架零件(图 2-5-1)的设计为例,介绍该类零件设计的方法,主要用到拉伸特征、创建基准平面、筋特征等命令。

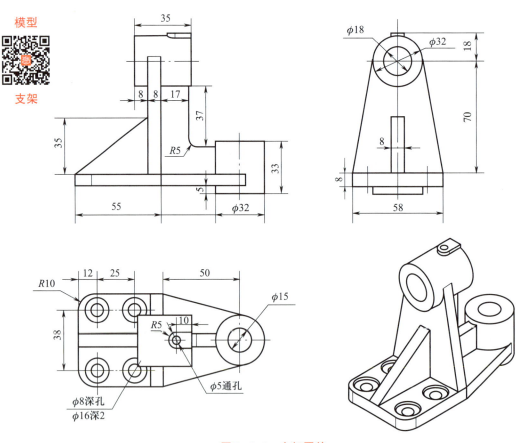

模型

支架

图 2-5-1 支架零件

【操作步骤】

1. 点击【文件】-【新建】,选择【零件】类型【实体】子类型,输入名称为"5",取消勾选【使用默认模板】选项,点击【确定】按钮,选择"mmns_part_solid_abs"模板,点击【确定】进入零件环境。

2. 点击【拉伸】命令 ,选择 FRONT 面,用默认参照进入草绘,绘制如图 2-5-2 所示草绘,设置向上拉伸深度为 8,得到如图 2-5-3 所示拉伸特征。

3. 点击【拉伸】命令 ,选择上一步生成的底板下表面为草绘平面,绘制如图 2-5-4 所示草绘,设置拉伸方式为向上拉伸 28,向下拉伸 5,如图 2-5-5 所示,得到如图 2-5-6 所示拉伸特征。

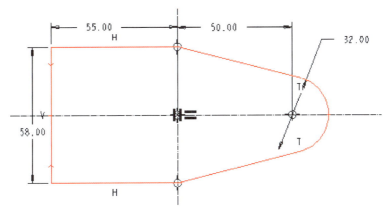

图 2-5-2 拉伸草绘

图 2-5-3 拉伸特征

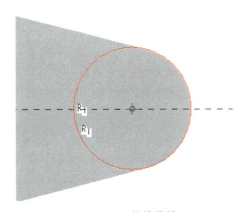

图 2-5-4 拉伸草绘

图 2-5-5 【拉伸】工具栏

4. 点击【拉伸】命令 ，选择上一步新建的圆柱端面进入草绘环境，绘制 $\phi15$ 的圆，点击【移除材料】命令 ，设置拉伸方式为穿透 ，如图 2-5-7 所示。

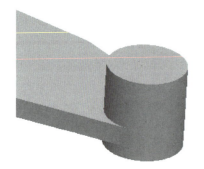

图 2-5-6 拉伸特征

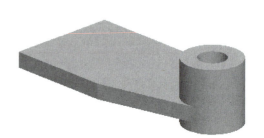

图 2-5-7 创建 $\phi15$ 通孔

5. 点击【拉伸】命令 ，选择 RIGHT 面进入草绘环境，绘制如图 2-5-8 所示草绘，设置拉伸方式为向左 16，向右 19，得到如图 2-5-9 所示拉伸特征。

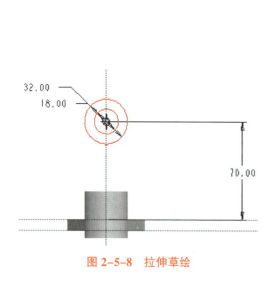

图 2-5-8 拉伸草绘

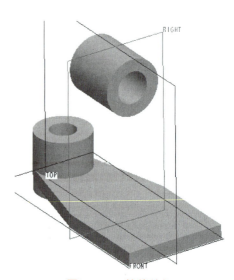

图 2-5-9 拉伸特征

6. 点击【拉伸】命令 ，选择 RIGHT 面进入草绘环境，绘制如图 2-5-10 所示草绘，设置拉伸方式为向左 8，得到如图 2-5-11 所示拉伸特征。

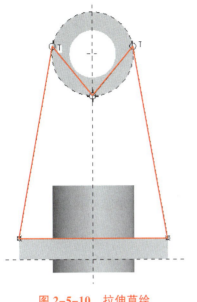

图 2-5-10　拉伸草绘

图 2-5-11　拉伸特征

7. 点击【筋】命令 ，选择【参照】-【定义】，选择 TOP 面为草绘平面，绘制如图 2-5-12 所示草绘，点击【确定】按钮，设定筋的生成方向向里，筋的厚度为 8，生成如图 2-5-13 所示筋特征。

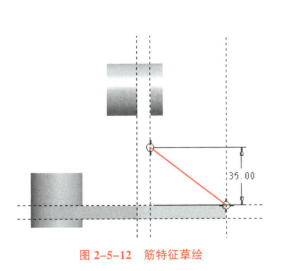

图 2-5-12　筋特征草绘

图 2-5-13　筋特征

8. 点击【筋】命令 ，选择【参照】-【定义】，选择 TOP 面为草绘平面，绘制如图 2-5-14 所示草绘，点击【确定】按钮，设定筋的生成方向向里，筋的厚度为 8，生成如图 2-5-15 所示筋特征。

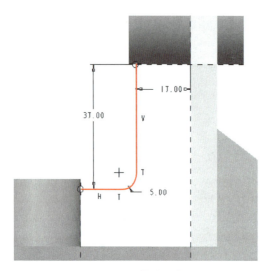

图 2-5-14 筋特征草绘

图 2-5-15 筋特征

9. 点击【圆角】命令 ，设定圆角半径为 10，在底板上创建两处圆角如图 2-5-16 所示。

10. 点击【拉伸】命令 ，选择底板上表面进入草绘环境，绘制如图 2-5-17 所示草绘，点击【移除材料】命令 ，设置拉伸方式为可变 ，深度为 2，得到如图 2-5-18 所示拉伸切除特征。

11. 点击【拉伸】命令 ，选择底板上表面进入草绘环境，绘制如图 2-5-19 所示草绘，点击【移除材料】命令 ，设置拉伸方式为穿透 ，得到如图 2-5-20 所示拉伸切除特征。

12. 在左边特征树上，按住 CTRL 键连续点选拉伸 6、拉伸 7，并对其编组，如图 2-5-21 所示。

图 2-5-16 圆角特征

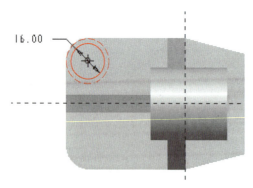

图 2-5-17 拉伸草绘

图 2-5-18 拉伸切除特征

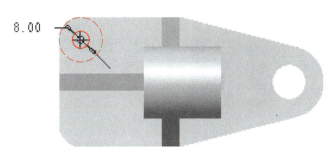

图 2-5-19　拉伸草绘

图 2-5-20　拉伸切除特征

图 2-5-21　编组特征

13. 点击上一步创建的组特征后,点击【阵列】命令▦,选择阵列类型为"方向",设置参数如图 2-5-22、图 2-5-23 所示。

图 2-5-22　【阵列】工具栏

14. 完成如图 2-5-24 所示支架零件,点击【文件】-【保存】,关闭窗口。

🌐 技巧提示

　　筋特征是设计中连接到实体曲面的薄翼或腹板伸出项,主要用来增加零件薄弱环节的强度,所以也称为加强肋,常用来防止出现不需要的折弯。

　　在生成筋特征的过程中需要注意的是,筋特征的草绘图形无须闭合,必须开放,系统将自动捕捉实体边缘。

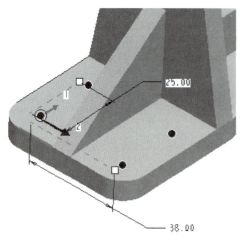

图 2-5-23　用"方向"定义线性阵列

图 2-5-24　支架零件

航模发动机壳体零件设计

【项目介绍】

　　阀体、减速器箱体、泵体、阀座等都属于箱体类零件,该类零件大多为铸件,一般起支承、容纳、定位和密封等作用,外形与结构均较为复杂,尺寸繁多。在建模时必须仔细分析形体与结构,合理规划建模步骤。

　　这类零件一般是中空壳体,具有内腔和壁,此外还常有轴孔、轴承孔、凸台、筋等结构。为方便其他零件的安装或是箱体本身的再安装,常设计有安装底板、法兰等零件的安装孔和螺孔等结构。

　　本项目以单缸航模发动机的壳体零件为例,形状尺寸均较复杂,需要细心辨识分析模型结构,合理规划设计步骤,单缸航模发动机壳体零件如图 2-6-1、图 2-6-2 所示。

模型

单缸航模发动机壳体

图 2-6-1　单缸航模发动机壳体零件

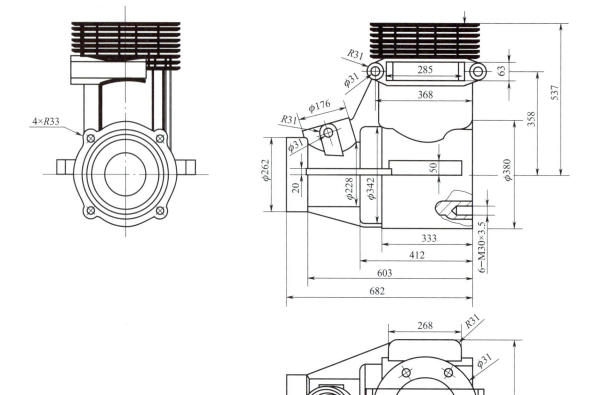

图 2-6-2 单缸航模发动机壳体零件

【操作步骤】

1. 点击【文件】-【新建】,选择【零件】类型【实体】子类型,输入名称为"6",取消勾选【使用默认模板】选项,点击【确定】按钮,选择"mmns_part_solid_abs"模板,点击【确定】进入零件环境。

2. 点击【旋转】命令 🔧 ,选择 FRONT 基准面,绘制如图 2-6-3 所示草图,得到如图 2-6-4 所示旋转特征。

3. 如图 2-6-5 所示,给旋转特征添加两处 R7 的圆角和一处 R15 的圆角。

4. 在 FRONT 面偏移 127 mm 处建立新基准面 DTM1,如图 2-6-6 所示。

5. 在 DTM1 基准面上绘制如图 2-6-7 所示草绘,对草绘旋转形成的特征边线添加 R15 的圆角,得到如图 2-6-8 所示特征。

6. 编组上一步骤中的旋转与圆角特征,沿圆周均匀阵列 4 份,如图 2-6-9 所示。

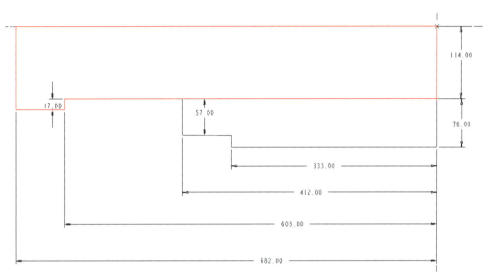

图 2-6-3　旋转草绘

图 2-6-4　旋转特征

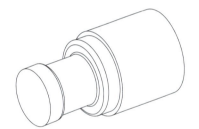

图 2-6-5　圆角特征

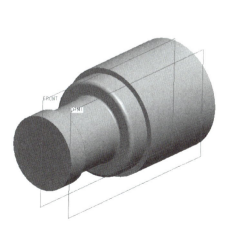

图 2-6-6　建立新基准面

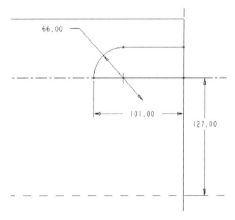

图 2-6-7　旋转草绘

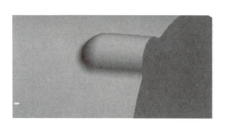

图 2-6-8 旋转与圆角特征

图 2-6-9 圆周阵列

7. 在 TOP 面上绘制如图 2-6-10 所示草绘并向上拉伸 50 mm,得到如图 2-6-11 所示拉伸特征。添加四处 $R31$ 的圆角,如图 2-6-12 所示。

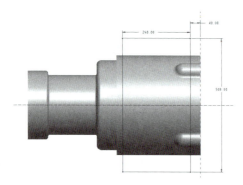

图 2-6-10 拉伸草绘

图 2-6-11 拉伸特征

8. 在 TOP 面向上偏移 410 mm 处建立新的基准面 DTM2,如图 2-6-13 所示。

图 2-6-12 圆角特征

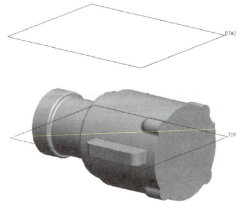

图 2-6-13 建立新基准面

9. 在基准面 DTM2 上绘制如图 2-6-14 所示草图,拉伸至筒体上表面,如图 2-6-15 所示。对该特征的边线添加 R15 的圆角,如图 2-6-16。

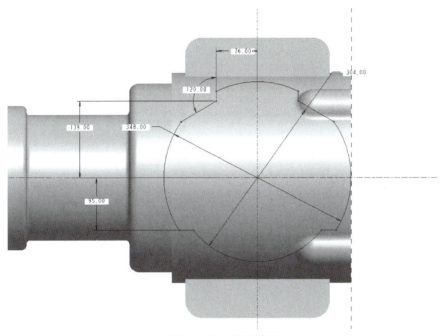

图 2-6-14 拉伸草绘

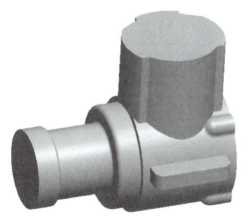

图 2-6-15 拉伸特征

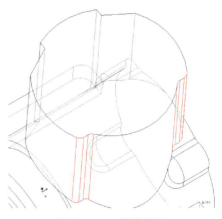

图 2-6-16 圆角特征

10. 在零件上表面绘制 ϕ304 mm 的圆,拉伸 127 mm,如图 2-6-17 所示。

11. 在零件上表面绘制如图 2-6-18 所示草图并拉伸至下一面,圆周方向均匀阵列六份,如图 2-6-19 所示。

12. 在零件上表面绘制如图 2-6-20 所示草绘,拉伸成形至下一面,如图 2-6-21 所示。

13. 在零件顶面草绘一个 ϕ393 的圆,如图 2-6-22 所示。

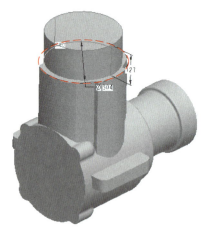

图 2-6-17 拉伸特征

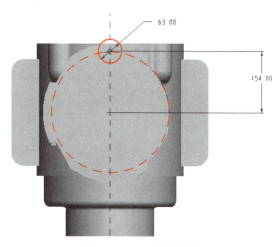

图 2-6-18 拉伸草绘

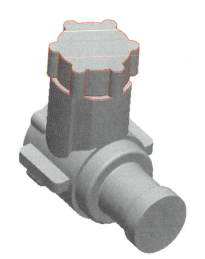

图 2-6-19 圆周阵列

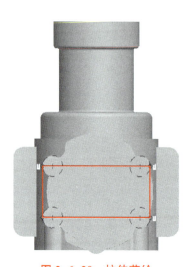

图 2-6-20 拉伸草绘

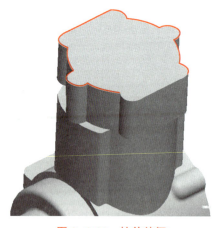

图 2-6-21 拉伸特征

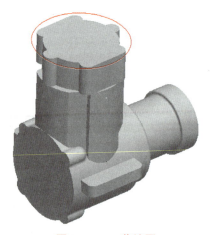

图 2-6-22 草绘圆

14. 以第 13 步中绘制的圆为轨迹,以图 2-6-23 所示的草绘为截面,完成实体扫描特征的创建,如图 2-6-24,并对该扫描特征从上往下作线性阵列,共计 9 个,间距 20 mm,如图 2-6-25 所示。

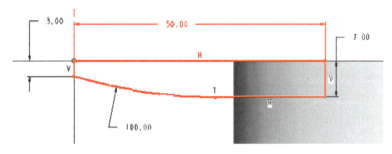

图 2-6-23　扫描草绘

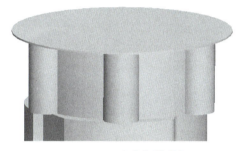

图 2-6-24　实体扫描特征

图 2-6-25　线性阵列特征

15. 在 FRONT 面偏移 203 mm 处建立新基准面 DTM3,如图 2-6-26 所示。

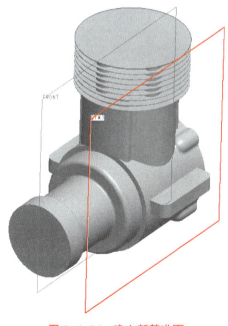

图 2-6-26　建立新基准面

16. 在基准面DTM3上绘制如图2-6-27所示草绘,拉伸280 mm,如图2-6-28所示。

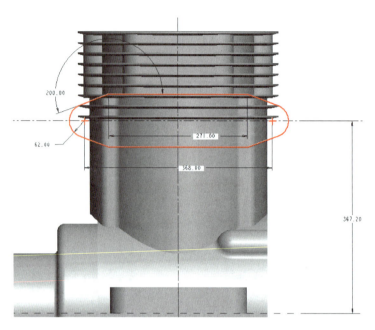

图2-6-27 拉伸草绘

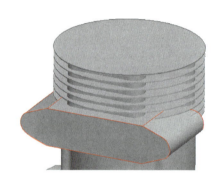

图2-6-28 拉伸特征

17. 在FRONT面上绘制如图2-6-29所示草绘,旋转得到如图2-6-30所示特征。

18. 在FRONT面上绘制如图2-6-31所示草绘,两侧对称拉伸182 mm,得到如图2-6-32所示特征。

19. 在TOP面上绘制如图2-6-33所示草图,向上拉伸20 mm,如图2-6-34所示。

20. 点击【筋】命令 ◿,选择FRONT面,绘制如图2-6-35所示草绘,输入加强筋的厚度20 mm,完成筋特征的创建,如图2-6-36所示。

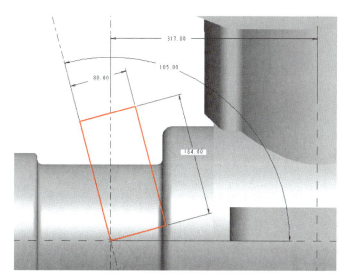

图 2-6-29　旋转草绘

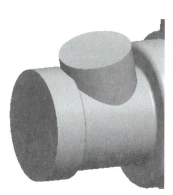

图 2-6-30　旋转特征

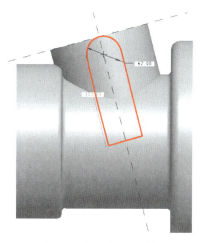

图 2-6-31　拉伸草绘

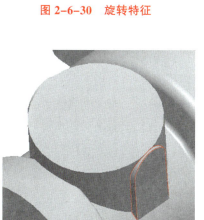

图 2-6-32　两侧对称拉伸特征

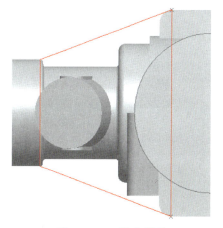

图 2-6-33　拉伸草绘

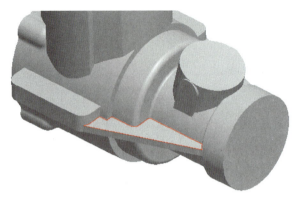

图 2-6-34 拉伸特征

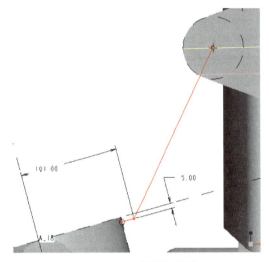

图 2-6-35 筋特征草绘

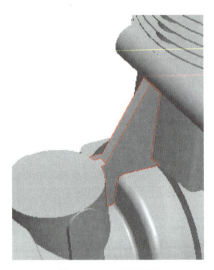

图 2-6-36 筋特征

21. 点击【筋】命令 ，选择 FRONT 面，绘制如图 2-6-37 所示草绘，指定筋的厚度 20 mm，完成壳体下部加强筋的创建，如图 2-6-38、图 2-6-39 所示。

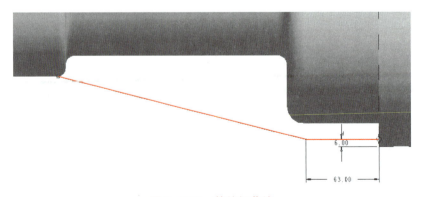

图 2-6-37 筋特征草绘

图 2-6-38　筋特征

图 2-6-39　筋特征

22. 点击【旋转】命令 ,点击【移除材料】命令,选择 FRONT 面作为草绘基准面,绘制如图 2-6-40 所示草图,形成如图 2-6-41 所示旋转切除特征。

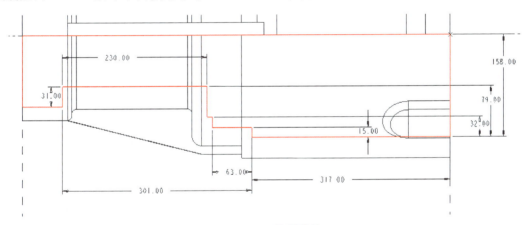

图 2-6-40　旋转草绘

图 2-6-41　旋转切除特征

23. 选择第 16 步中创建的拉伸特征的前表面,绘制如图 2-6-42 所示草绘,拉伸切除深度为 203,形成如图 2-6-43 所示拉伸切除特征。

24. 选择壳体上表面绘制如图 2-6-44 所示草绘,拉伸切除至壳体内表面,如图 2-6-45 所示。

25. 在第 16 步生成的拉伸特征的前表面绘制两个 ϕ31 mm 的圆,如图 2-6-46 所示,拉伸贯穿切除,得到如图 2-6-47 所示拉伸切除特征。

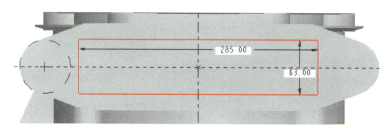

图 2-6-42 拉伸草绘

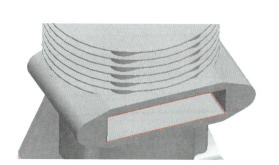

图 2-6-43 拉伸切除特征

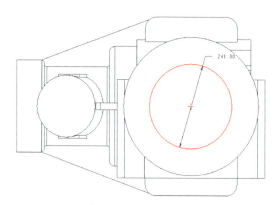

图 2-6-44 拉伸草绘

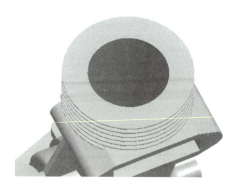

图 2-6-45 拉伸特征

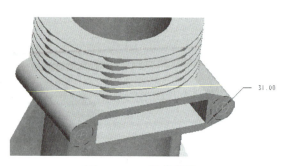

图 2-6-46 拉伸草绘

26. 建立去除材料的旋转特征,选择 FRONT 面绘制如图 2-6-48 所示草绘,得到如图 2-6-49 所示旋转切除特征。

27. 创建如图 2-6-50 所示拉伸切除特征,切除出 φ31 mm 的通孔。

28. 点击【孔】命令,具体参数如图 2-6-51、图 2-6-52 所示。将该孔特征绕回转轴圆周方向均匀阵列 4 份,如图 2-6-53 所示。

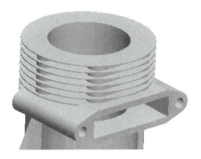

图 2-6-47　拉伸切除特征

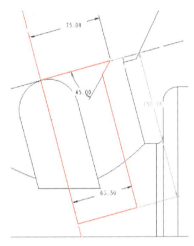

图 2-6-48　旋转草绘

图 2-6-49　旋转切除特征

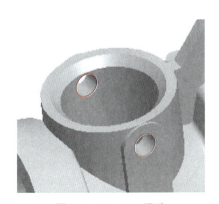

图 2-6-50　φ31 通孔

图 2-6-51　【放置】选项卡

图 2-6-52　【孔】工具栏参数设置

29. 选择壳体上表面创建标准孔,参数如图 2-6-54、图 2-6-55 所示。**将该孔特征圆周均匀阵列 6 份**,如图 2-6-56 所示。

30. 完成如图 2-6-57 所示单缸航模发动机壳体零件,点击【文件】-【保存】,关闭窗口。

图 2-6-53　圆周阵列孔特征

图 2-6-54　【放置】选项卡

图 2-6-55　【孔】工具栏参数设置

图 2-6-56　圆周阵列孔特征

图 2-6-57　单缸航模发动机壳体零件

项目七

轴承座零件设计

【项目介绍】

本项目以轴承座零件为例（图 2-7-1）。轴承座零件设计过程中难度最大的是座体与轴承支承部分之间的连接处，在制作连接曲面时会用到草绘曲线、基准曲线、投影曲线、边界混合、填充等命令。

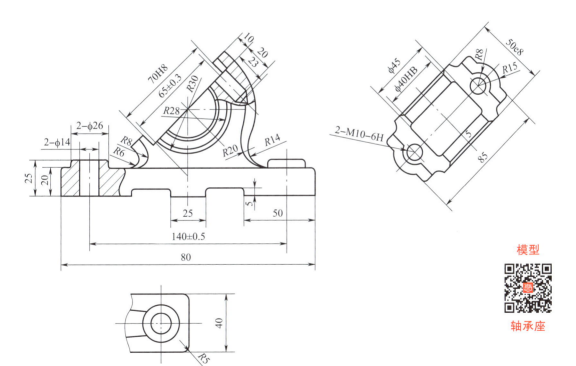

图 2-7-1　轴承座零件

模型

轴承座

【操作步骤】

1. 点击【文件】-【新建】,选择【零件】类型【实体】子类型,输入名称为"7",取消勾选【使用默认模板】选项,点击【确定】按钮,选择"mmns_part_solid_abs"模板,点击【确定】进入零件环境。

2. 点击【拉伸】命令　,选择FRONT面为草绘基准面,绘制如图2-7-2所示草绘,设置深度为20,得到如图2-7-3所示拉伸特征。

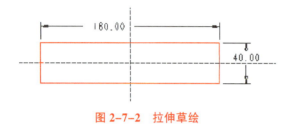

图 2-7-2　拉伸草绘　　　　　　　　　　　　图 2-7-3　拉伸特征

3. 点击【旋转】命令　,选择RIGHT面为草绘基准面,绘制如图2-7-4所示草绘,得到如图2-7-5所示旋转特征。

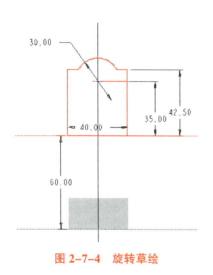

图 2-7-4　旋转草绘　　　　　　　　　　　　图 2-7-5　旋转特征

4. 点击【拉伸】命令　,点选底板上表面为草绘基准面,绘制如图2-7-6所示草绘,设置深度为5,如图2-7-7所示。

5. 点击【拉伸】命令　,点击【移除材料】命令　,点选上一步拉伸的凸台上表面为草绘基准面,绘制如图2-7-8所示草绘,选择深度方式为穿透　,如图2-7-9所示。

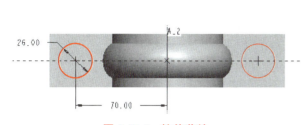

图 2-7-6 拉伸草绘

图 2-7-7 拉伸特征

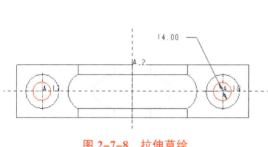

图 2-7-8 拉伸草绘

图 2-7-9 拉伸切除特征

6. 点击【拉伸】命令 ⬚，点击【移除材料】命令 ⬚，点选底板前表面为草绘基准面，绘制如图 2-7-10 所示草绘，选择深度方式为穿透 ⬚，如图 2-7-11 所示。

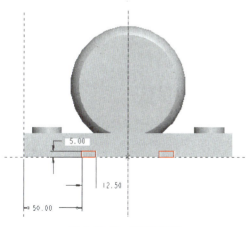

图 2-7-10 拉伸草绘

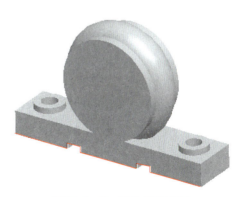

图 2-7-11 拉伸切除特征

7. 点击【旋转】命令 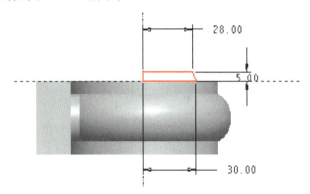，选择 RIGHT 面为草绘基准面，绘制如图 2-7-12 所示草绘，点击【确定】按钮后得到如图 2-7-13 所示旋转特征。点击该特征，点击【镜像】命令 ，以 TOP 面为基准面镜像该特征，如图 2-7-14 所示。

图 2-7-12　旋转草绘

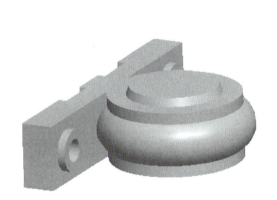

图 2-7-13　旋转特征

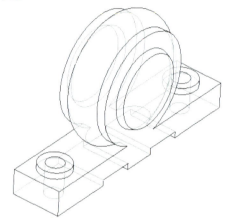

图 2-7-14　镜像特征

8. 点击【拉伸】命令 ，点击【移除材料】命令 ，选择 TOP 面为草绘基准面，绘制如图 2-7-15 所示草绘，设置深度方式为穿透 ，如图 2-7-16 所示。

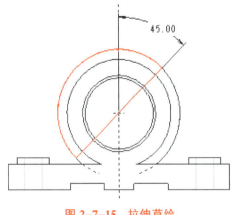

图 2-7-15　拉伸草绘

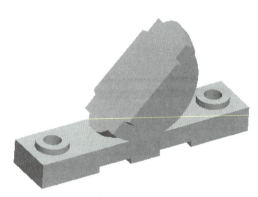

图 2-7-16　拉伸切除特征

9. 点击【拉伸】命令 ⬚,点选上一步形成的倾斜平面为草绘基准面,绘制如图 2-7-17 所示草绘,设置深度为 10,如图 2-7-18 所示。

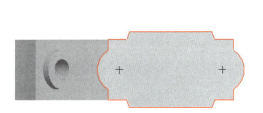

图 2-7-17　在斜面上的拉伸草绘

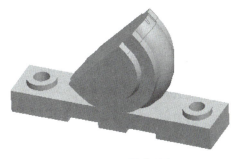

图 2-7-18　拉伸特征

10. 点击【草绘】命令 ⬚,在 TOP 面上绘制如图 2-7-19 所示草绘。

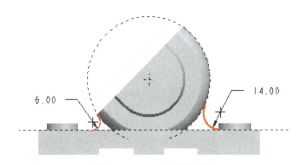

图 2-7-19　草绘图形

11. 点击【草绘】命令 ⬚,在底板前表面上绘制如图 2-7-20 所示草绘。

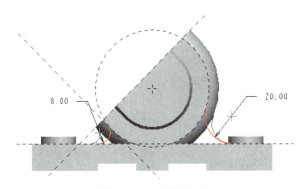

图 2-7-20　草绘图形

12. 点击【基准】-【曲线】-【通过点的曲线】命令 ～,连接第 10 步、第 11 步生成曲线的端点,如图 2-7-21、图 2-7-22 所示。

13. 点击【边界混合】命令 ⬚,选择如图 2-7-23 所示的两方向边界(上下为第一方向曲线,左右为第二方向曲线),点击【确定】按钮完成曲面创建,如图 2-7-24 所示。

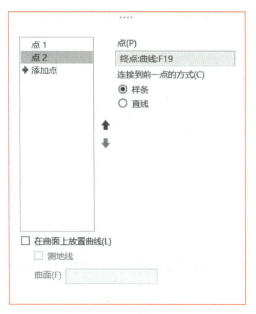

图 2-7-21 基准曲线

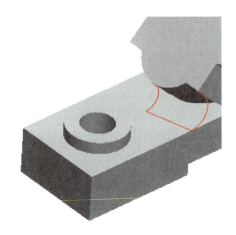

图 2-7-22 连接基准曲线

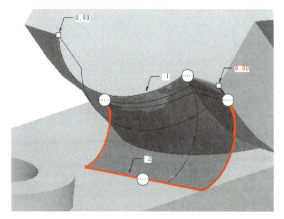

图 2-7-23 边界混合命令的边界选取

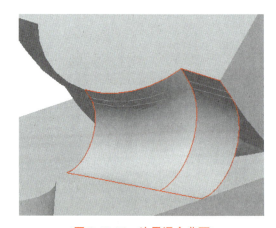

图 2-7-24 边界混合曲面

14. 选中上一步中生成的边界混合曲面,点击【镜像】命令 ⅉ⎰ ,选择 TOP 面为镜像平面,生成如图 2-7-25 所示镜像曲面。

15. 按住 CTRL 键连续点选第 13、14 步生成的曲面,点击【合并】命令 ⟲ ,对两张曲面作合并。

16. 点击【草绘】命令 ⟋ ,在底板前表面绘制如图 2-7-26 所示草绘。

17. 点击【编辑】-【填充】命令,选择上一步绘制的草图,完成曲面填充,如图 2-7-27 所示。

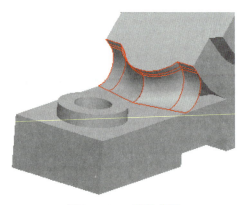

图 2-7-25 镜像曲面

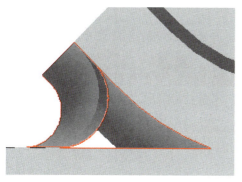

图 2-7-26 草绘图形

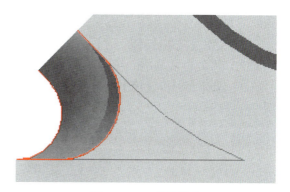

图 2-7-27 曲面填充

18. 选择上一步生成的填充曲面,点击【镜像】命令 ,选择 TOP 面为镜像平面,镜像出另一侧的填充曲面。

19. 按住 CTRL 键连续点选第 17、18 步生成的曲面和第 15 步中合并的曲面,点击【合并】命令 ,对该侧所有曲面作合并。

20. 选择第 19 步中合并好的曲面,点击【编辑】-【实体化】命令对合并好的封闭曲面组填充材料,形成实体。

21. 点击【圆角】命令 ,设置半径为 3,如图 2-7-28 所示。

22. 点击【圆角】命令 ,设置半径为 3,如图 2-7-29 所示。

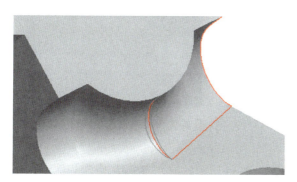

图 2-7-28 圆角特征

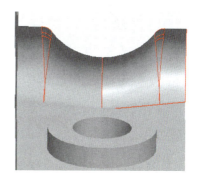

图 2-7-29 圆角特征

23. 点击【圆角】命令 ,设置半径为 3,如图 2-7-30 所示。

图 2-7-30 圆角特征

24. 点击【基准】-【曲线】-【通过点的曲线】命令,连接第10步、第11步生成曲线另一侧的下方两个端点,如图2-7-31所示。

25. 点击【基准】-【曲线】-【通过点的曲线】命令,连接第10步、第11步生成曲线另一侧的上方两个端点,如图2-7-32所示。

26. 选择上一步连接生成的曲线,点击【编辑】-【投影】命令,将曲线投影到模型表面,如图2-7-33所示。

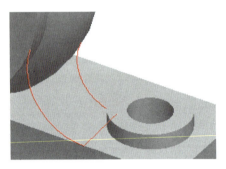

图 2-7-31　连接基准曲线

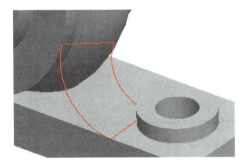

图 2-7-32　连接基准曲线

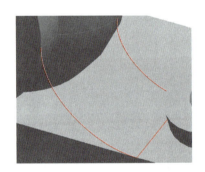

图 2-7-33　将曲线投影到模型表面

27. 点击【边界混合】命令 ⬚,选择如图2-7-34所示的两方向边界,点击【确定】按钮完成曲面。

28. 选中上一步中生成的边界混合曲面,点击【镜像】命令,选择TOP面为镜像平面,生成效果如图2-7-35所示。

29. 点击【草绘】命令 ⬚,在底板前表面绘制如图2-7-36所示草绘。

30. 点击【编辑】-【填充】命令,选择上一步绘制的草图,完成曲面填充,如图2-7-37所示。

31. 选择上一步生成的填充曲面,点击【镜像】命令,选择TOP面为镜像平面,镜像出另一侧的填充曲面。

32. 按住CTRL键选择第27步到第31步间生成的所有曲面,点击【合并】命令 ⬚,然后点击【编辑】-【实体化】命令。

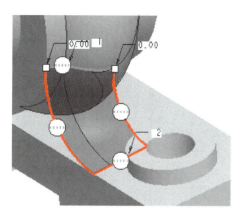

图 2-7-34 边界混合命令的边界选取

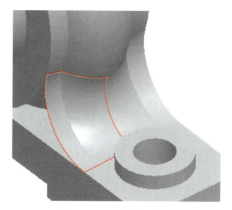

图 2-3-35 镜像曲面

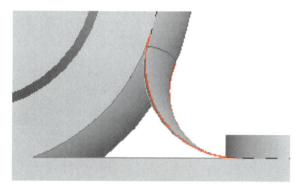

图 2-7-36 草绘图形

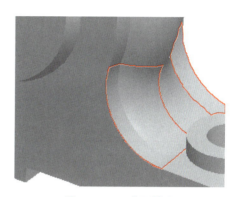

图 2-7-37 曲面填充

33. 点击【圆角】命令 🗲 ,设置半径为 4 ,如图 2-7-38 所示。

34. 点击【圆角】命令 🗲 ,设置半径为 2 ,如图 2-7-39 所示。

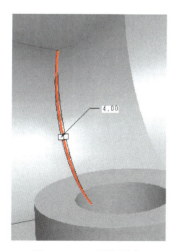

图 2-7-38 圆角特征

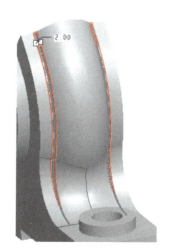

图 2-7-39 圆角特征

35. 点击【圆角】命令 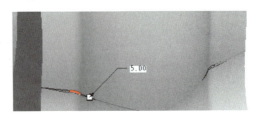,设置半径为 5,如图 2-7-40 所示。

图 2-7-40 圆角特征

36. 点击【拉伸】命令 ,点击【移除材料】命令 ,点选斜面为草绘基准面,绘制如图 2-7-41 所示草绘,设置拉伸方式为可变, 深度为 10,如图 2-7-42 所示。

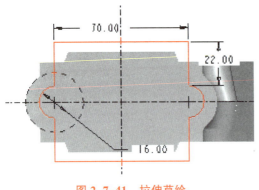

图 2-7-41 拉伸草绘

图 2-7-42 拉伸切除特征

37. 点击【旋转】命令 ,点击【移除材料】命令 ,点选 RIGHT 面为草绘平面,绘制如图 2-7-43 所示草绘,旋转切除特征如图 2-7-44 所示。

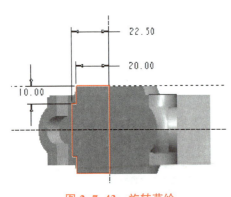

图 2-7-43 旋转草绘

图 2-7-44 旋转切除特征

38. 点击【平面】命令 ,按住 CTRL 键选取第 36 步中拉伸斜面与旋转轴,设置类型分别为基准面与拉伸平面为法向、与旋转轴为穿过,如图 2-7-45、图 2-7-46 所示,建立新基准面 DTM1,如图 2-7-47 所示。

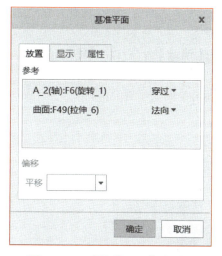

图 2-7-45　【基准平面】对话框

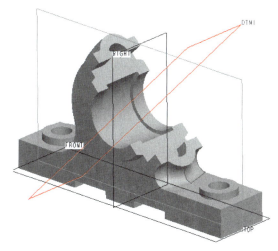

图 2-7-46　选择要素

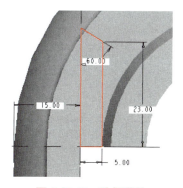

图 2-7-47　建立新基准面

39. 点击【旋转】命令 ，点击【移除材料】命令 ，点选 TOP 面为草绘平面，绘制如图 2-7-48 所示草绘，旋转 360° 后完成，效果如图 2-7-49 所示。

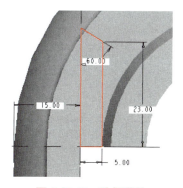

图 2-7-48　选择草绘

图 2-7-49　选择切除特征

40. 点击【工程】-【修饰螺纹】命令,设置孔的端面为螺纹起始面,孔的内表面为螺纹曲面,螺纹方向向内,大小默认,深度为23,完成修饰螺纹的创建。

41. 将第39、40步创建的孔特征与螺纹特征编组,点击【镜像】命令,以DTM1面为对称面进行镜像,如图2-7-50所示。

42. 点击【圆角】命令,设置半径为5,如图2-7-51所示。

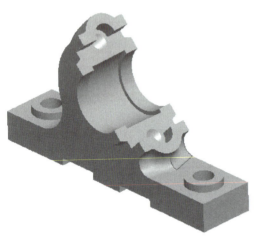

图2-7-50　镜像螺纹孔　　　　　　　图2-7-51　圆角特征

43. 点击【圆角】命令,设置半径为3,如图2-7-52所示。
44. 点击【圆角】命令,设置半径为3,如图2-7-53所示。

图2-7-52　圆角特征　　　　　　　图2-7-53　圆角特征

45. 点击【圆角】命令,设置半径为3,如图2-7-54所示。
46. 点击【圆角】命令,设置半径为2,如图2-7-55所示。

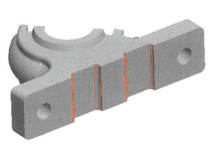

图 2-7-54　圆角特征

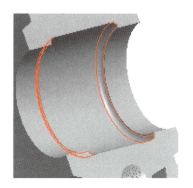

图 2-7-55　圆角特征

47. 点击【倒角】命令 ，设置倒角距离为 2，如图 2-7-56 所示。

48. 点击【文件】-【保存】，关闭窗口。

图 2-7-56　倒角特征

🌐 技巧提示

提示1：基准曲线可以作为创建和修改曲面的辅助线、扫描轨迹线或是倒圆角辅助线。创建基准曲线有以下几种常见的方式：

① 草绘工具；② 基准曲线；③ 曲面求交；④ 投影曲线；⑤ 相交曲线。

提示2：曲面模型的一般设计思路为：

构建空间的点、线—使用边界混合、变截面扫描或其他工具完成单张曲面的创建—合并所有曲面—加厚或实体化。

项目八

风扇叶片设计

【项目介绍】

  风扇叶片是典型的曲面模型,主要用到曲线的投影、曲面的复制与偏移、边界混合曲面、加厚曲面、圆角、圆周阵列等命令,本项目以如图 2-8-1 所示的风扇叶片零件为例,介绍该类零件的建模方法。

模型

风扇叶片

图 2-8-1　风扇叶片零件

【操作步骤】

  1. 点击【文件】-【新建】,选择【零件】类型【实体】子类型,输入名称为 "8",取消勾选【使用默认模板】选项,点击【确定】按钮,选择 "mmns_part_solid_abs" 模板,点击【确定】进入零件环境。

  2. 点击【拉伸】命令 ,选择 FRONT 面为草绘基准面,绘制如图 2-8-2 所示草绘,选择深度为 40,如图 2-8-3 所示。

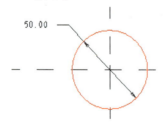

图 2-8-2　拉伸草绘

图 2-8-3　拉伸特征

3. 选中圆柱外圆周面,点击【偏移】命令,设定偏移距离为 150,如图 2-8-4 所示。

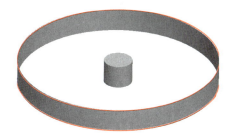

图 2-8-4 偏移曲面

4. 点击【轴】命令 ╱ ,选中复制的圆柱面,建立新基准轴,如图 2-8-5 所示。

5. 点击【平面】命令 ⬜ ,按住 CTRL 键选中 TOP 面和上一步生成的轴,输入角度为 45°,建立新基准面 DTM1,如图 2-8-6 所示。

图 2-8-5 建立新基准轴

图 2-8-6 建立新基准面

6. 选中 DTM1 面,点击【镜像】命令 ⬚⃫ ,选中 TOP 面为镜像面,建立基准面 DTM2,如图 2-8-7 所示。

7. 点击【点】命令 ⁎ ,按住 CTRL 键选中 DTM1 面与偏移出的曲面上边线,建立一个基准点,如图 2-8-8 所示,继续点击"新点",用同样的方法找出 DTM1 面与内外曲面上下边缘的剩下 3 个点,如图 2-8-9 所示。

8. 点击【基准】-【曲线】-【通过点的曲线】命令,将对应的点连接起来,形成两条基准曲线,如图 2-8-10 所示。

9. 选中上一步生成的两条基准曲线,点击【镜像】命令 ⬚⃫ ,选择 RIGHT 面为镜像平面,镜像出另一侧的两条基准曲线,如图 2-8-11 所示。

10. 点击【平面】命令 ⬜ ,选择 TOP 面,设置朝外侧偏移 500,建立新基准面 DTM3,如图 2-8-12 所示。

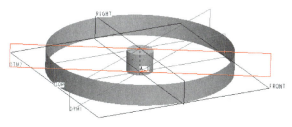

图 2-8-7 镜像基准面

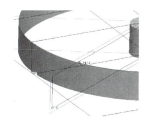

图 2-8-8 建立基准点

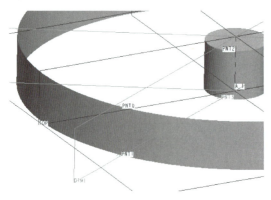

图 2-8-9　建立基准点

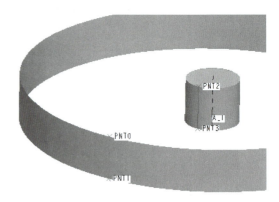

图 2-8-10　建立基准曲线

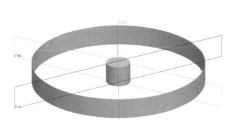

图 2-8-11　镜像基准曲线

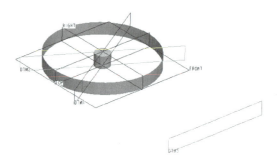

图 2-8-12　建立新基准面

11. 点击【草绘】命令，选择 DTM3 面进入草绘环境，绘制如图 2-8-13 所示草绘。

图 2-8-13　圆弧草绘

🌐 技巧提示

画圆弧前需参照靠里的两条蓝色基准曲线，确保圆弧端点落在其投影上，不然较易发生投影不出需要曲线的情况。

12. 点选上一步绘制的圆弧，点击【编辑】-【投影】命令，选择投影曲面为小圆柱面，如图 2-8-14 所示。

13. 点击【草绘】命令，选择 DTM3 面进入草绘环境，绘制如图 2-8-15 所示草绘。

14. 点选上一步绘制的圆弧，点击【编辑】-【投影】命令，选择投影曲面为小圆柱面，如图 2-8-16 所示。

15. 隐藏偏移曲面和基准曲线,点击【基准】-【曲线】-【通过点的曲线】命令 ~ ,连接两条投影曲线的对应端点,如图 2-8-17 所示。

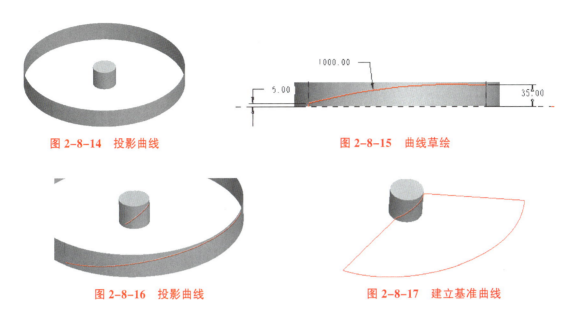

图 2-8-14　投影曲线　　　　　　　　　图 2-8-15　曲线草绘

图 2-8-16　投影曲线　　　　　　　　　图 2-8-17　建立基准曲线

16. 点击【边界混合】命令 ,选择两个方向的边界线,形成曲面,如图 2-8-18 所示。

17. 选中上一步生成的曲面,点击【编辑】-【加厚】命令,设置两边对称加厚2,如图 2-8-19 所示。

18. 点击【圆角】命令 ,设置圆角半径为 80,点选叶片边缘添加圆角特征,如图 2-8-20 所示。

19. 点击【圆角】命令 ,设置圆角半径为 50,点选叶片边缘添加圆角特征,如图 2-8-21 所示。

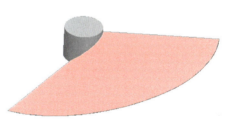

图 2-8-18　边界混合曲面

图 2-8-19　加厚曲面

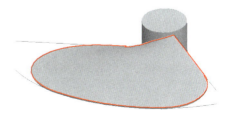

图 2-8-20　圆角特征　　　　　　　　　图 2-8-21　圆角特征

20. 隐藏边界线,在左侧特征树上按住 CTRL 键点选边界混合与上两步的圆角特征,弹出右键菜单,点击【分组】命令对特征编组。点中组特征后点击【阵列】命令 ▦ ,阵列方式选择"轴",选中 A–1 轴为旋转轴,设定阵列数为 3,特征夹角为 120°,点击【确定】按钮完成阵列特征,如图 2–8–22 所示。

21. 隐藏复制曲面,点击【圆角】命令 ◝ ,设置圆角半径为 2,点选叶片凸台边缘添加圆角特征,如图 2–8–23 所示。

22. 点击【文件】–【保存】,关闭窗口。

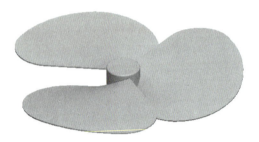

图 2–8–22　阵列特征

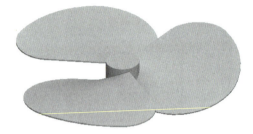

图 2–8–23　圆角特征

项目九

鼠标设计

 【项目介绍】

鼠标是典型的曲面模型零件,主要用到曲线的相交、边界混合曲面、曲面的合并、曲面组的实体化、圆角、投影曲线、扫描等命令,鼠标零件如图 2-9-1 所示。

本项目仅完成鼠标外形设计,不涉及滚轮等其他附属零件,尺寸也未作严格约束,重点在于讲解较复杂曲面模型的建立方法,读者可在本项目讲述的设计过程基础上自行设计鼠标零件,整体设计工作读者可在学完装配单元后自行完成。

图 2-9-1 鼠标零件

模型

鼠标

【操作步骤】

1. 点击【文件】-【新建】,选择【零件】类型【实体】子类型,输入名称为"9",取消勾选【使用默认模板】选项,点击【确定】按钮,选择 "mmns_part_solid_abs" 模板,点击【确定】进入零件环境。

2. 点击【草绘】命令,选择 FRONT 面进入草绘环境,点击【弧】-【圆锥】命令,绘制如图 2-9-2 所示草绘。

3. 点击【平面】命令,选择 FRONT 基准面,设置偏移距离为 100,建立新基准面 DTM1,如图 2-9-3 所示。

83

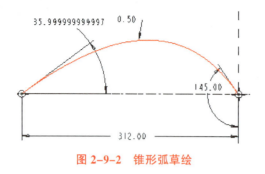

图 2-9-2　锥形弧草绘

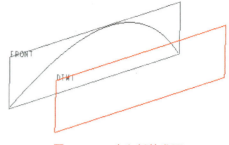

图 2-9-3　建立新基准面

4. 点击【草绘】命令 ，选择 DTM1 面进入草绘环境,点击【弧】-【圆锥】命令 ,绘制如图 2-9-4 所示草绘,该锥形弧高度上略低于第 2 步绘制的锥形弧。

5. 点击【草绘】命令 ,选择 TOP 面进入草绘环境,点击【圆弧】命令 ,绘制如图 2-9-5 所示草绘。

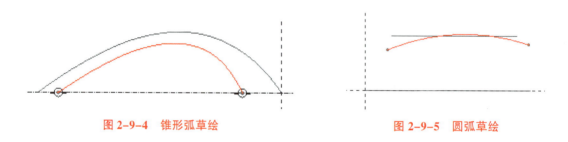

图 2-9-4　锥形弧草绘　　　　　　　　图 2-9-5　圆弧草绘

6. 此时空间上有三根曲线草绘,如图 2-9-6 所示。按住 CTRL 键连续选择第 2 根和第三根,点击【编辑】-【相交】命令,得到相交曲线如图 2-9-7 所示。

图 2-9-6　空间的三根曲线　　　　　　图 2-9-7　相交曲线

7. 选中上一步中生成的相交曲线,点击【镜像】命令 ,选择 FRONT 面为镜像平面,如图 2-9-8 所示。

8. 点击【基准】-【曲线】-【通过点的曲线】命令,依次点选三根曲线的前部端点。同法,连接三根曲线的后部端点,如图 2-9-9 所示。

9. 点击【点】命令 ,在中间曲线的最高点处添加一个基准点 PNT0,如图 2-9-10 所示。

10. 点击【平面】命令 ▱，按住 CTRL 连续点选 RIGHT 面和 PNT0 点，建立新基准面 DTM2。如图 2-9-11 所示。

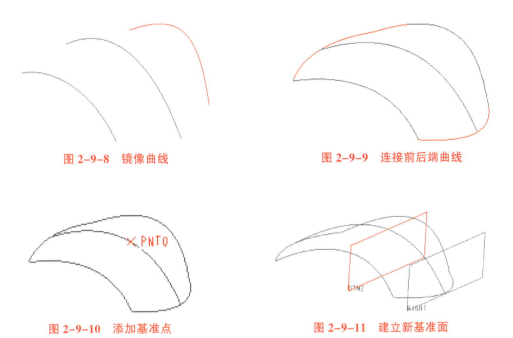

图 2-9-8　镜像曲线　　　　　图 2-9-9　连接前后端曲线

图 2-9-10　添加基准点　　　　图 2-9-11　建立新基准面

11. 点击【点】命令 ，按住 CTRL 连续点选 DTM2 面和左侧边线，建立基准点 PNT1，点击"新点"，再按住 CTRL 连续点选 DTM2 和右侧边线，建立基准点 PNT2，如图 2-9-12 所示。

12. 点击【基准】-【曲线】-【通过点的曲线】命令，连接 PNT1、PNT0、PNT2 点，如图 2-9-13 所示。

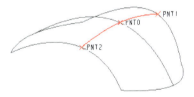

图 2-9-12　建立基准点　　　　图 2-9-13　连接点建立基准曲线

13. 点击【平面】命令 ▱，选择 TOP 面，设置向下偏移 5，建立新基准面 DTM3，此面将作为鼠标底部平面。如图 2-9-14 所示。

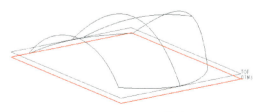

图 2-9-14　建立新基准面

14. 点击【草绘】命令 ，选择 DTM3 面进入草绘环境，点击【投影】命令 （投影模型边到当前视图），绘制如图 2-9-15 所示草绘。

15. 点击【基准】-【曲线】-【通过点的曲线】命令，依次连接底部草绘与上部线框之间的对应顶点，如图 2-9-16 所示。

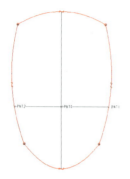

图 2-9-15　绘制鼠标底部草绘

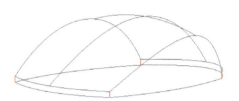

图 2-9-16　新建四条基准曲线

16. 点击【边界混合】命令 ，选择如图 2-9-17 所示边界线，生成鼠标上表面。

17. 点击【边界混合】命令 ，选择如图 2-9-18 所示边界线，生成鼠标侧面。

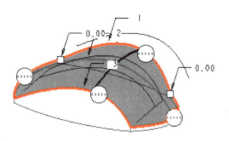

图 2-9-17　边界混合上表面

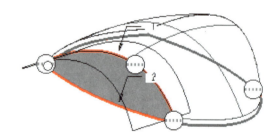

图 2-9-18　边界混合鼠标侧面

18. 点击【边界混合】命令 ，选择如图 2-9-19 所示边界线，生成鼠标另一侧面。

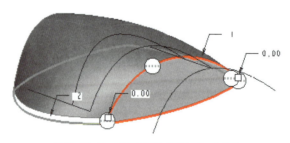

图 2-9-19　边界混合鼠标另一侧面

19. 点击【边界混合】命令 ，选择如图 2-9-20 所示边界线，生成鼠标前表面。

20. 点击【边界混合】命令 ，选择如图 2-9-21 所示边界线，生成鼠标后表面。

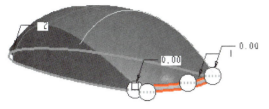

图 2-9-20　边界混合前表面

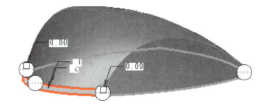

图 2-9-21　边界混合后表面

21. 点击 14 步中绘制的草绘,点击【填充】命令,完成底面填充,如图 2-9-22 所示。

22. 按住 CTRL 键连续点选上、下、左、右、前、后六个表面,点击【合并】命令 ，合并所有的曲面。

23. 选中合并好的曲面,点击【实体化】命令,将曲面组转换为实体零件,如图 2-9-23 所示。

图 2-9-22　填充底面

图 2-9-23　实体化曲面组

24. 点击【圆角】命令 ，设置圆角半径为 20,如图 2-9-24 所示。

图 2-9-24　圆角特征

25. 点击【圆角】命令 ，设置圆角半径为 50,如图 2-9-25 所示。
26. 点击【圆角】命令 ，设置圆角半径为 4,如图 2-9-26 所示。

图 2-9-25　圆角特征

图 2-9-26　圆角特征

27. 点击【平面】命令 ▱ ，选择将 FRONT 面向一侧偏移 200，生成新基准面 DTM4。
28. 点击【草绘】命令 ⬚ ，在 DTM4 面上绘制草绘，如图 2-9-27 所示。

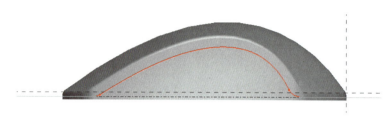

图 2-9-27　草绘图形

29. 选择上一步草绘的图形，点击【投影】命令，选择鼠标前后左右四个侧面为投影曲面（注意，要包含圆角曲面），如图 2-9-28 所示。

30. 点击【扫描】命令 🗔 ，点选【选取轨迹】，点选投影曲线的任一端，然后点击【截面】-【草绘】命令进入绘制截面的草绘环境，绘制如图 2-9-29 所示图形为截面，完成扫描切除，如图 2-3-30 所示。

31. 同理，请读者自行利用绘制曲线 - 投影曲线 - 扫描切口的方式绘制出鼠标上的剩余槽线，如图 2-9-31 所示。

图 2-9-28　投影曲线

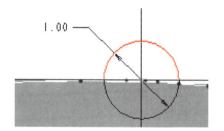

图 2-9-29　草绘截面

图 2-9-30　扫描切除

图 2-9-31　扫描切除

32. 点击鼠标模型，再点击选择鼠标上表面滚轮处，如图 2-9-32 所示，点击【偏移】命令，设置将该面向下偏移 2.5，形成新曲面，如图 2-9-33 所示。

33. 点击【平面】命令 ▱ ，选择 TOP 面，向上偏移 500，建立新基准面。

图 2-9-32　选择鼠标上表面

图 2-9-33　形成新曲面

34. 点击【拉伸】命令 ⬚，选择【移除材料】命令 ⬚，在上一步生成的表面上绘制如图 2-9-34 所示拉伸草绘，选择成形条件为"到下一个" ⬚，点选第 32 步中偏移得到的曲面，点击【确定】按钮，如图 2-9-35 所示。

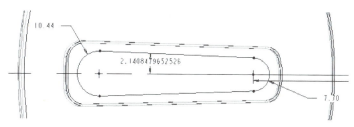

图 2-9-34　拉伸草绘

图 2-9-35　拉伸切除

35. 点击【文件】-【保存】，关闭窗口。

🌐 技巧提示

　　在选择对象时，当鼠标所处位置有多种选择可能时，可以点击右键来切换各种可能，然后按左键选中，这种做法可以有效的在图形元素互相遮挡的情况下准确选中对象。

项目十

塑料油壶设计

【项目介绍】

　　本项目创建的塑料油壶零件是一个综合的曲面建模实例,主要用到边界混合曲面、可变剖面扫描曲面、曲面组的合并与实体化、混合、圆角、扫描等命令,塑料油壶零件如图 2-10-1 所示。

　　本项目中曲面较多,实操中将按照先设计油壶底部,再设计油壶瓶口,最后设计把手的顺序完成该产品的设计。

模型

油壶

图 2-10-1　塑料油壶零件

【操作步骤】

　　1. 点击【文件】-【新建】,选择【零件】类型【实体】子类型,输入名称为"10",取消勾选【使用默认模板】选项,点击【确定】按钮,选择"mmns_part_solid_abs"模板,点击【确定】进入零件环境。

　　2. 点击【草绘】命令 ,选择 FRONT 面进入草绘环境,绘制如图 2-10-2 所示草绘。

3. 点击【平面】命令 □,选择 FRONT 面,设置偏移距离为 1.75,建立新基准面 DTM1,在 DTM1 面上绘制如图 2-10-3 所示草绘。

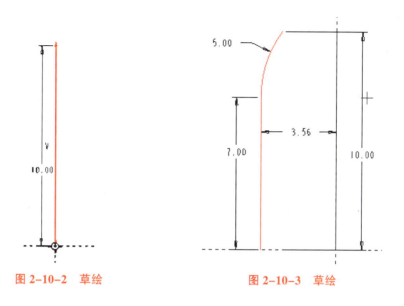

图 2-10-2 草绘　　　　　图 2-10-3 草绘

4. 点击【平面】命令 □,选择 FRONT 面,设置偏移距离为 1.63,偏移方向同上一步,建立新基准面 DTM2,在 DTM2 面上绘制如图 2-10-4 所示草绘。

5. 点击【扫描】命令 ,点击【可变截面】命令,点选第 2 步绘制的直线作为第一根轨迹线(原点轨迹线),按住 CTRL 键选取另两根作为额外轨迹线,如图 2-10-5 所示。点击【草绘】命令 ,绘制如图 2-10-6 所示的截面图形,点击【确认】按钮完成草绘,点击【确认】按钮生成特征,如图 2-10-7、图 2-10-8 所示。

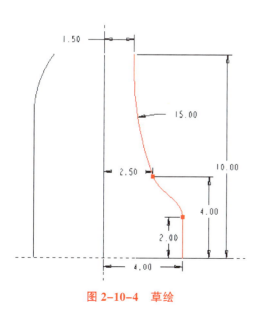

图 2-10-4 草绘

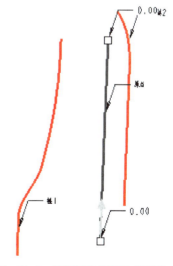

图 2-10-5 选取可变截面扫描的轨迹线

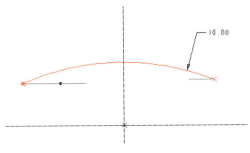

图 2-10-6　草绘截面

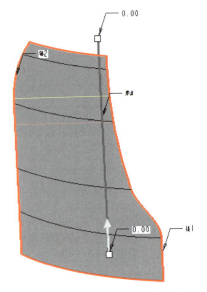

图 2-10-7　可变截面扫描预览

图 2-10-8　可变截面扫描曲面

6. 选中上一步生成的可变截面扫描曲面,点击【镜像】命令)[(,选中 FRONT 面为镜像面完成镜像,如图 2-10-9 所示。

7. 隐藏第 2 步、3 步、4 步中绘制的草绘,点击曲面,再点击曲面边界的一段,按住 CTRL 键不放点选边界的其他部分就可以选中整条边界线,点击"CTRL+C""CTRL+V",将该段曲线复制下来,如图 2-10-10 所示。同理,复制两张曲面的其余三条边界线,如图 2-10-11 所示。

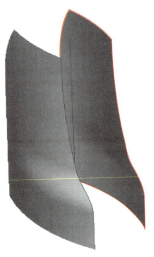

图 2-10-9　镜像曲面

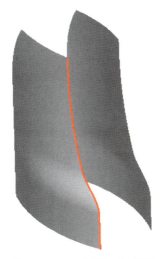

图 2-10-10　复制一条边界

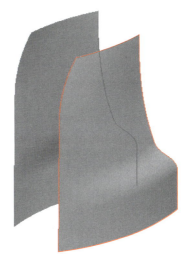

图 2-10-11　复制其余三条边界线

技巧提示

　　此处不使用原来的草绘曲线,而选择将其隐藏后选择曲面边界再行复制,因为边界混合形成的曲面形状会受到多根额外轨迹线的影响,并不一定与可变截面扫描的轨迹线重合,而复制下来的曲线则可保证这一点。

　　8. 点击【基准】-【曲线】-【通过点的曲线】命令,在【放置】中点选复制下曲线的对应顶点,并修改【结束条件】特征框内的起点和终点结束条件,起始处设置如图 2-10-12、图 2-10-13 所示;终点处如图 2-10-14、图 2-10-15 所示,完成连接曲线,如图 2-10-16 所示。

图 2-10-12　起始处设置

图 2-10-13　起始处的相切方向

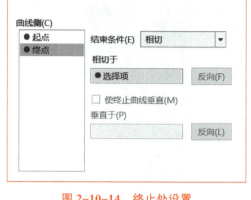

图 2-10-14　终止处设置

图 2-10-15　终止处的相切方向

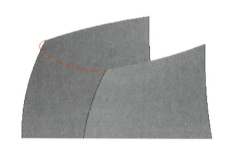

图 2-10-16　连接曲线

9. 使用和上一步相同的方法连接其余三根线,如图 2-10-17 所示。

10. 点击【边界混合】命令 ，选择如图 2-10-18 所示四根曲线分别作为两方向的边界,在如图 2-10-19 所示的左右两侧小圆(连接方式框)上按住右键不放,选择连接方式为"切线"以保证生成的曲面与邻接曲面相切,如图 2-10-20 所示,点击【确定】按钮完成前表面的建模,如图 2-10-21 所示。

11. 使用与上步同样的方法,完成后表面的建模,如图 2-10-22 所示。

12. 点击【草绘】命令 ，在 TOP 面绘制如图 2-10-23 所示草绘,并点击【填充】命令,填充出油壶的底面,如图 2-10-24 所示。

图 2-10-17　连接其余边界线

图 2-10-19　连接方式框

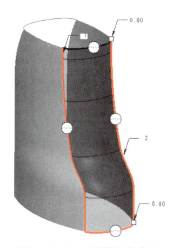

图 2-10-18　边界混合曲面

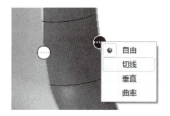

图 2-10-20　左右均设为"切线"

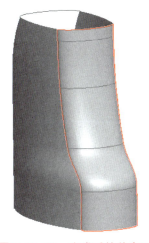

图 2-10-21　完成后的前表面

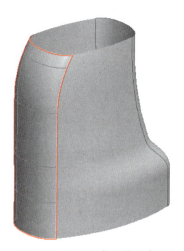

图 2-10-22　完成后的后表面

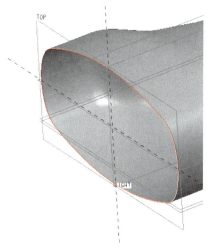

图 2-10-23　底部草绘

图 2-10-24　填充底面

95

13. 按住 CTRL 键不放,连续点选已经做好的五张曲面,点击【合并】命令 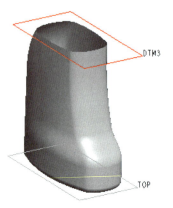,对所有曲面做合并操作。

14. 点击【圆角】命令 ，设置半径为 0.5,对瓶底部边线添加圆角特征,如图 2-10-25 所示。

15. 点击【平面】命令 ，选择 TOP 面,设置向上偏移 10,在瓶口处建立了一个基准平面 DTM3,如图 2-10-26 所示。

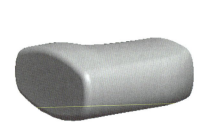
图 2-10-25　圆角特征

图 2-10-26　建立新基准面

16. 点击【形状】-【混合】命令,在类型中点击【曲面】,如图 2-10-27 所示。点击【截面 1】中的定义,如图 2-10-28 所示,选择 DTM3 面作为混合草绘平面,点击【反向】命令将方向切换为向上,点击【草绘】后进入草绘环境,绘制草图如图 2-10-29 所示草绘 1,封闭后继续绘制如图 2-10-30 所示的草绘 2,点击【确定】按钮完成草绘,设置深度为 0.375,生成混合曲面如图 2-10-31 所示。

图 2-10-27　混合曲面

图 2-10-28　点击【截面 1】定义

图 2-10-29　混合草绘 1

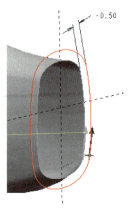
图 2-10-30　混合草绘 2

17. 点击【平面】命令 ▱，选择 TOP 面，设置向上偏移 11.5，建立新基准面 DTM4，如图 2-10-32 所示。

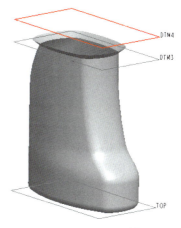

图 2-10-31　混合曲面　　　　　图 2-10-32　建立新基准面

18. 选择上表面的整圈边线，如图 2-10-33 所示，点击【编辑】-【延伸】命令，延伸方式设置如图 2-10-34 所示，按住 CTRL 选择曲面的边界边后，再选择成形到的参考平面为 DTM4，形成延伸特征如图 2-10-35 所示，按住 CTRL 键连续点选混合曲面与 13 步中生成的合并曲面，点击【合并】命令 ⬚ 合并曲面，如图 2-10-36 所示。

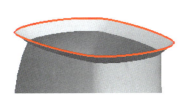

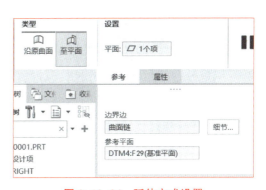

图 2-10-33　选择整圈边线　　　　图 2-10-34　延伸方式设置

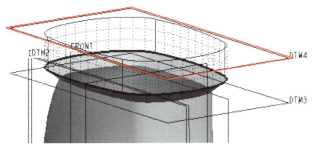

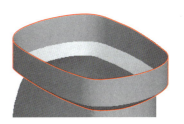

图 2-10-35　延伸到 DTM4 面　　　图 2-10-36　合并曲面

在做曲面合并时,延伸曲面不需单独选择合并,因为延伸曲面是属于混合曲面的一部分。

19. 点击【形状】-【混合】命令,点击【反向】命令将方向切换为向上,点击【草绘】后进入草绘环境,绘制如图 2-10-37 所示草绘 1,按住右键不放,选择"切换剖面",绘制如图 2-10-38 所示的草绘 2,点击【确定】按钮完成草绘,设置深度为 1,生成混合曲面如图 2-10-39 所示。

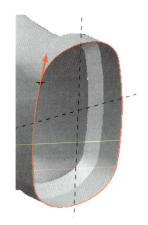

图 2-10-37 混合草绘 1

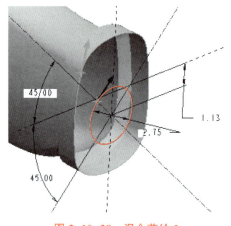

图 2-10-38 混合草绘 2

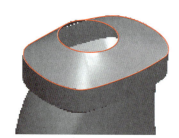

图 2-10-39 混合曲面特征

技巧提示

提示 1:在混合不同形状的草绘图形时,要保证图形的图元数一致,即顶点数量相同,一般先画顶点数多的图形,切换剖面后画顶点数少的图形,然后利用 给图形添加分割点直至图形的顶点数相同。

提示 2:混合时需注意图形的起始点位置一致,不然易造成扭曲。

20. 点击【平面】命令 ▱，选中 DTM4 面，设置向上偏移距离为 1.375，建立新基准面 DTM5。选中顶部圆，点击【编辑】-【延伸】命令，将其延伸至 DTM5 面上，如图 2-10-40 所示。

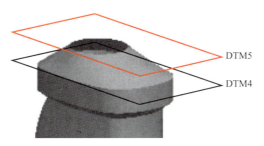

图 2-10-40　延伸曲面

21. 按住 CTRL 键不放连续点选第 19 步混合的曲面与 18 步中生成的合并曲面，点击【合并】命令 ⬚，合并所有曲面，如图 2-10-41 所示。

22. 点击【点】命令 ⋈，在图 2-10-42 所示曲面上建立基准点 PNT0，并按图 2-10-43 所示标注基准点的偏移参照。

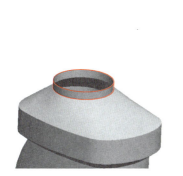

图 2-10-41　合并曲面

图 2-10-42　建立基准点

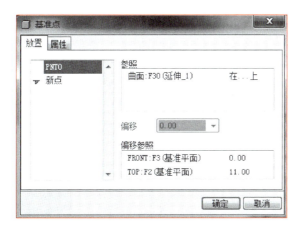

图 2-10-43　基准点的偏移参照

23. 点击【点】命令 ,按住 CTRL 键不放,点选 FRONT 面和图 2-10-44 所示边线,建立基准点 PNT1,基准点的放置设置如图 2-10-45 所示。

图 2-10-44 建立基准点　　　　　　　　图 2-10-45 添加基准点

24. 点击【基准】-【曲线】-【通过点的曲线】命令,在【放置】中点选复制下曲线的对应顶点,并修改【结束条件】特征框内的起点和终点结束条件,起始处设置如图 2-10-46、图 2-10-47 所示;终点处如图 2-10-48、图 2-10-49 所示,完成连接曲线,如图 2-10-50 所示。

图 2-10-46 起始处设置

图 2-10-47 起始处曲线

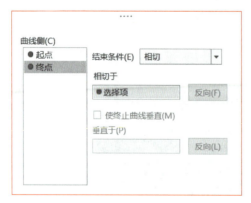

图 2-10-48 终止处设置

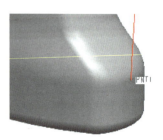

图 2-10-49 终止处曲线

25. 点击【扫描】命令类型选择【曲面】，点选上一步连接的手柄形状曲线作为扫描轨迹线，点击【草绘】命令，绘制如图 2-10-51 所示草绘，点击【确定】按钮，完成手柄曲面，如图 2-10-52 所示。

26. 选中手柄上端部轮廓线，点击【延伸】命令，选择延伸方式为"至平面" ，延伸参照选择 RIGHT 面，如图 2-10-53 所示。

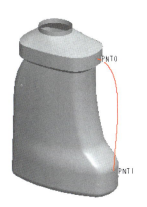

图 2-10-50　连接曲线

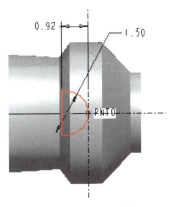

图 2-10-51　扫描轮廓

图 2-10-52　手柄曲面

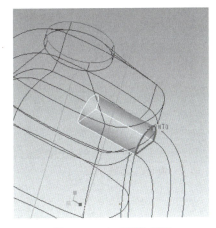

图 2-10-53　延伸曲面

27. 按住 CTRL 键选中手柄与合并 3，点击【合并】命令 合并所有曲面，在合并中有红色网格显示的区域为合并后留下的区域，仔细观察后确定保留方向完成合并，如图 2-10-54 所示。

28. 点击【圆角】命令 ，设置半径为 0.2，如图 2-10-55 所示。

29. 点击【圆角】命令 ，设置半径为 0.3，如图 2-10-56 所示。

30. 点击【圆角】命令 ，设置半径为 0.3，如图 2-10-57 所示。

31. 点击【圆角】命令 ，设置半径为 0.2，如图 2-10-58 所示。

32. 点选合并好的所有曲面，点击【加厚】命令，设置加厚方向为两侧对称，设置厚度为

0.08，如图 2-10-59 所示。

33. 点击【文件】-【保存】，关闭绘图窗口。

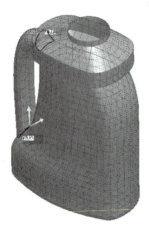

图 2-10-54　合并所有曲面

图 2-10-55　圆角特征

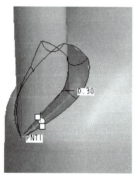

图 2-10-56　圆角特征

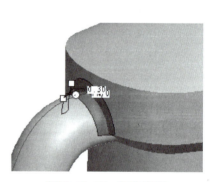

图 2-10-57　圆角特征

图 2-10-58　圆角特征

图 2-10-59　加厚模型

【项目介绍】

使用 Pro/E 软件提供的参数和关系功能可以创建参数驱动的模型,它可以控制曲线、阵列和约束等,参数和关系还是程序和族表的基础,只要输入零件的几何参数,就可以生成系列的标准件和常用件。本项目将用盘盖零件(图 2-11-1)为例讲解用程序进行参数化设计的基本思路。

模型

盘盖

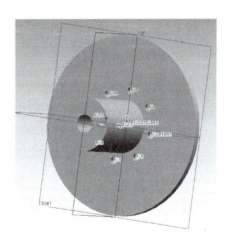

图 2-11-1 盘盖零件

【操作步骤】

第一步:建立盘盖零件的三维模型

1. 选择【文件】-【新建】,选择【零件】类型【实体】子类型,输入零件名称为"11",取消勾选【使用默认模版】选项,点击【确定】按钮,在弹出的【新文件选项】对话框中选择"mmns_part_solid_abs"模板,点击【确定】进入零件设计环境。

2. 点击【拉伸】命令 ⬚,选择 FRONT 面为草绘平面进入草绘环境,绘制如图 2-11-2 所示草绘,点击【确认】按钮,设定拉伸深度为 100,点击【确认】按钮,得到如图 2-11-3 所示拉伸特征。

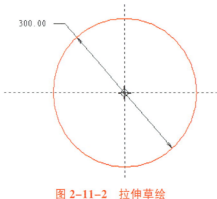

图 2-11-2 拉伸草绘

图 2-11-3 拉伸特征

3. 点击【拉伸】命令 ⬚,点选【移除材料】命令 ⬚,选择圆盘上表面进入草绘环境,绘制如图 2-11-4 所示草绘,点击【确认】按钮,设定拉伸成型方式为贯穿 ⬚,点击【确认】按钮,得到如图 2-11-5 所示拉伸切除特征。

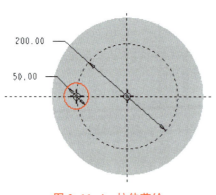

图 2-11-4 拉伸草绘

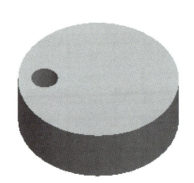

图 2-11-5 拉伸切除特征

4. 点击上一步生成的圆孔,点击【阵列】命令 ⬚,选择类型为"轴",设定在 360° 内均匀分布 10 个圆孔,如图 2-11-6 所示,点击【确定】按钮完成阵列,如图 2-11-7 所示。

5. 点击【拉伸】命令 ⬚,选择圆盘上表面进入草绘环境,绘制如图 2-11-8 所示草绘,点 ✓ 确认,设定拉伸深度为 100,点击【确认】按钮,得到如图 2-11-9 所示拉伸特征。

图 2-11-6 【阵列】工具栏

图2-11-7　阵列特征

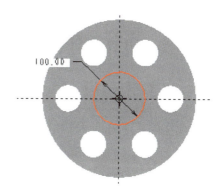

图2-11-8　拉伸草绘

6. 点击【拉伸】命令 ，点选【移除材料】命令 ，选择最上表面进入草绘环境,绘制如图2-11-10所示草绘,点击【确认】按钮,设定拉伸深度为100,点击【确认】按钮,得到如图2-11-11所示拉伸特征。

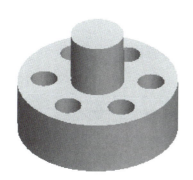

图2-11-9　拉伸特征

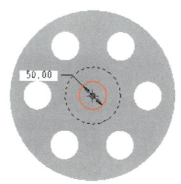

图2-11-10　拉伸草绘

7. 点击【文件】-【保存】。

第二步:建立参数

在本例中,我们选取六处进行参数化定义,括号内为其缺省值,分别是大圆直径D(300),大圆高度H(100),边孔直径DL(50),阵列个数N(6),中孔直径DZ(50)和中孔深度DH(100)。

点击【模型意图】-【参数】命令,在弹出的【参数设置】对话框中点击 以增加参数,依次添加上述六个参数,如图2-11-12所示。

第三步:建立参数与图形尺寸之间的关系

点击【模型意图】-【关系】,在弹出的【关系】

图2-11-11　拉伸切除

对话框中点选特征上的尺寸,在其后添加"=某参数"的格式来添加图形尺寸与已设参数之间的关系,如图2-11-13、图2-11-14所示。其中NUM的含义为图形中阵列个数。

图 2-11-12　【参数设置】对话框

图 2-11-13　【关系】对话框

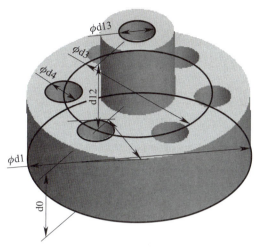

图 2-11-14　图形尺寸

第四步：建立程序设计

1. 点击【模型意图】-【程序】-【编辑设计】命令,跳出【程序编辑】文本,在第四行 "INPUT" 和第五行 "END INPUT" 之间写入如图 2-11-15 所示程序段。点击文本窗口的【文件】-【保存】命令,关闭【程序编辑】文本,在出现如图 2-11-16 所示【确认】对话框时点击 "是"。

2. 点击【得到输入】-【程序】-【输入】命令,勾选所有定义好的参数,点击【完成选择】命令,对该六个参数输入如下新值：

中孔直径：80,中孔深度：200,大圆高：300,大圆直径：500,边孔直径：20,阵列个数：8。完成后图形按照新参数得到更新,如图 2-11-17 所示。点击【文件】-【保存】,关闭窗口。

图 2-11-15　【程序编辑】文本

图 2-11-16　【确认】对话框

图 2-11-17　按照新参数更新后的模型

能力拓展二

钣金零件设计——后盖

【项目介绍】

钣金是利用模具对板料进行冲压，使板料分离或变形而形成的一种典型零件。钣金零件是一种常用的结构件，在汽车、机械、通信、电子等行业应用广泛。本项目将以典型钣金零件后盖（图 2-12-1）的设计为例，介绍 Pro/E 软件钣金件设计的方法和流程，主要包括钣金壁特征、钣金实体特征、折弯、展平和折回特征等命令。

模型

后盖

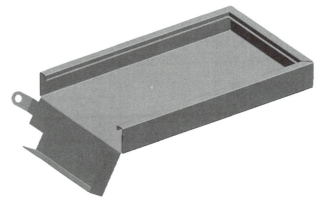

图 2-12-1　后盖零件

【操作步骤】

1. 选择【文件】-【新建】，选择【零件】类型【钣金件】子类型，输入零件名称"hougai"，取消勾选【使用默认模版】选项，点击【确定】按钮，如图 2-12-2 所示。在弹出的【新文件选项】对话框中选择"mmns_part_sheetmetal_abs"模板，点击【确定】进入钣金设计环境，如图 2-12-3 所示。

2. 点击【平面】命令 📐，点击【参考】-【草绘】-【定义】命令，点击 FRONT 面进入草绘环境，绘制如图 2-12-4 所示的草绘，指定厚度为 1 mm，点击【确定】按钮完成第一面薄壁特征的创建，如图 2-12-5 所示。

图 2-12-2　【新建】对话框

图 2-12-3　【新文件选项】对话框选择模板

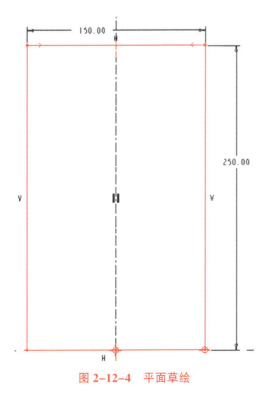

图 2-12-4　平面草绘

图 2-12-5　薄壁特征

3. 点击【法兰】命令 ，按住 CTRL 键选中如图 2-12-6 所示的三条边线。点击【形状】-【草绘】命令,将草绘修改成如图 2-12-7 所示,点击【拐角处理】命令,将拐角 1 和拐角 2 均修改为间隙方式,设定间隙为 1.5 mm,如图 2-12-8 所示,点击【确定】按钮,如图 2-12-9。

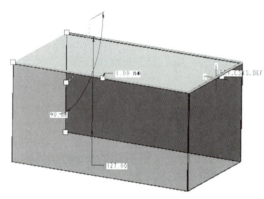

图 2-12-6　选择三条边线

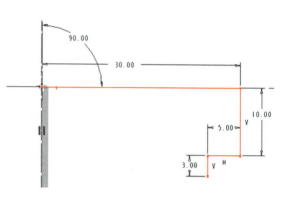

图 2-12-7　修改草绘

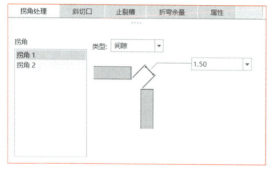

图 2-12-8　法兰的间隙设定

图 2-12-9　法兰特征

4. 点击【平整】命令 ,选择如图 2-12-10 所示的边线,修改角度值为 60°,如图 2-12-11 所示。点击【形状】-【草绘】命令,修改平整壁的草绘如图 2-12-12 所示,点击【确认】按钮,如图 2-12-13 所示。

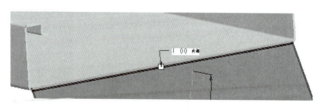

图 2-12-10　选择边线

图 2-12-11　修改平整壁的角度

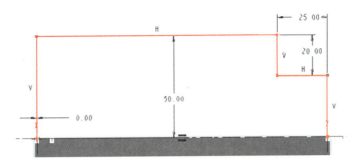

图 2-12-12　修改平整壁的草绘

图 2-12-13　平整壁特征

5. 点击【平整】命令,继续创建平整壁,选择如图 2-12-14 所示边线,修改高度为 20 mm,点击【确定】按钮生成平整壁,如图 2-12-15 所示。同理,生成另一条边线上的平整壁,高度也为 20 mm,如图 2-12-16 所示。

6. 点击【平整】命令　,选择如图 2-12-17 所示边线,并把角度改为 0 度。点选【形状】-【草绘】命令,修改平整壁的草绘如图 2-12-18 所示(注意平整壁的草绘截面应开放)。点击【确定】按钮,如图 2-12-19 所示。

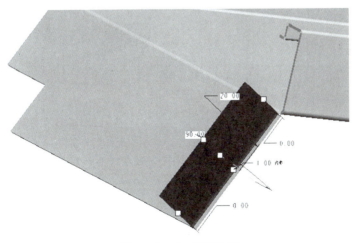

图 2-12-14　选择边线

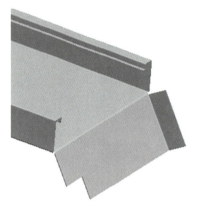

图 2-12-15　平整壁特征

图 2-12-16　另一边线上的平整壁特征

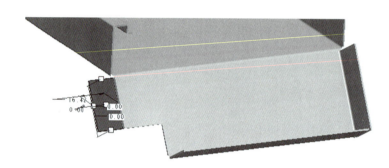

图 2-12-17　选择边线

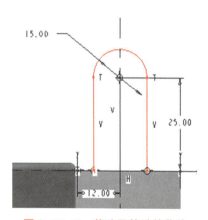

图 2-12-18　修改平整壁的草绘

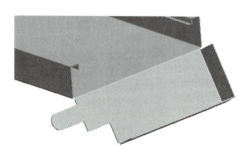

图 2-12-19　平整壁特征

7. 利用去除材料的拉伸特征,切除出第 6 步中生成平整壁上的圆孔,直径为 8 mm,如图 2-12-20 所示。

8. 点击【折弯】命令 ,类型选择【角度】,选择图 2-12-13 所示斜面,绘制如图 2-12-21 所示草绘。角度设置为正向 30° 形成如图 2-12-22 所示折弯特征。

9. 点击【文件】-【保存】,关闭窗口。

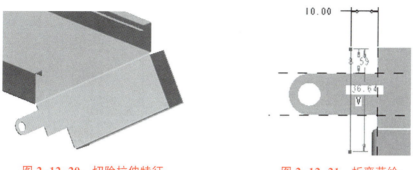

图 2-12-20　切除拉伸特征　　　　　　　图 2-12-21　折弯草绘

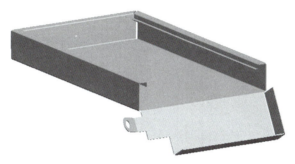

图 2-12-22　折弯特征

单 元 练 习

按照以下给出的各张工程图,建立管钳的八个组成零件并分别存盘。

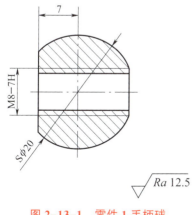

图 2-13-1　零件 1 手柄球

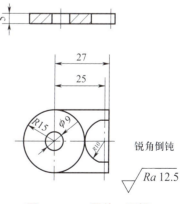

锐角倒钝

图 2-13-2　零件 2 压板

113

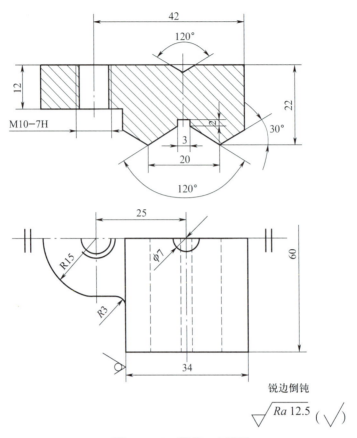

锐边倒钝

$\sqrt{Ra\ 12.5}$ ($\sqrt{}$)

图 2-13-3　零件 3 上钳口

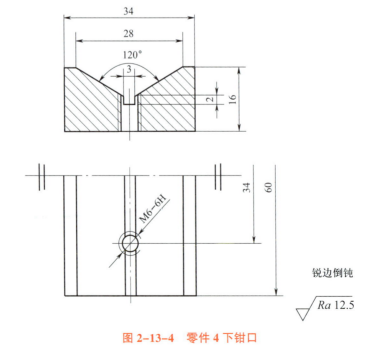

锐边倒钝

$\sqrt{Ra\ 12.5}$

图 2-13-4　零件 4 下钳口

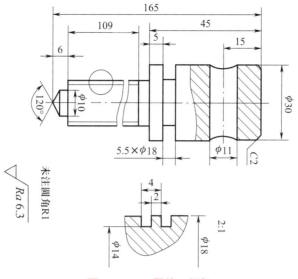

图 2-13-5　零件 5 螺杆

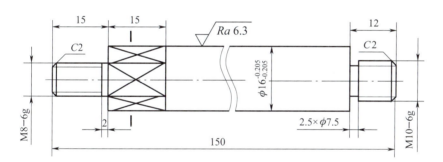
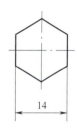

图 2-13-6　零件 6 导杆

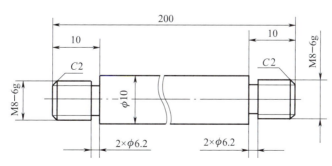

图 2-13-7　零件 7 手柄

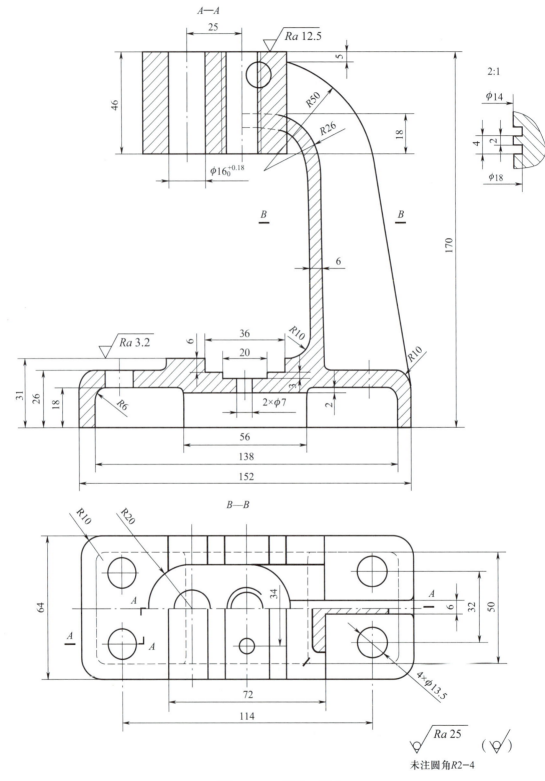

图 2-13-8　零件 8 钳座

第三单元
装配设计与工程图生成

　　建模完成的机械零件可以通过 Pro/E 软件组件环境中的相关工具组装成部件,部件和零件的组装可以构成机器。Pro/E 软件是通过定义零件间的约束关系实现零件的位置定义。对于装配体中的零件和子装配体可以进行打开、编辑定义、删除、隐藏、隐含等操作,也可以进行干涉检查和间隙分析、机构运动的仿真等。本单元将通过多个实例来介绍组件设计的方法。

　　在实际生产过程中,特别是在生产的第一线,传统的二维平面工程图是必不可少的数据交互手段,是指导工人生产、交流表达设计意图的常规方式。Pro/E 软件提供了强大的工程图功能,用户可以直接由创建的三维零件模型投影得到需要的工程视图,包括各种基本视图、剖视图、局部放大图和旋转视图等,并可以在图样上根据设计需要标注尺寸公差、形位公差、表面粗糙度及注释、注写技术要求等。本单元也将通过数个实例来介绍 Pro/E 软件环境下的工程图的绘制过程、尺寸要求注写和编辑处理方法,然后辅以一定量的练习,帮助读者理解掌握本单元内容。

项目一

电风扇组装与机构运动仿真

【项目介绍】

电风扇是常见的家电产品之一,本项目将通过组装电风扇头部,完成机构运动仿真、参数分析等步骤,重点介绍 Pro/E 软件组件的设计思路和方法技巧。如图 3-1-1 所示为风扇头部装配。

模型

电风扇

图 3-1-1　风扇头部装配

【操作步骤】

第一步:装配运动模型

1. 点击【文件】-【新建】,选择【组件】类型【设计】子类型,修改组件名称,取消勾选【使用默认模板】选项,在弹出的【新文件选项】对话框中选择"mmns_asm_desing"模板,点击【确定】进入组件环境,如图 3-1-2、图 3-1-3、图 3-1-4 所示。

图 3-1-2 【新建】对话框

图 3-1-3 【新文件选项】对话框选择模板

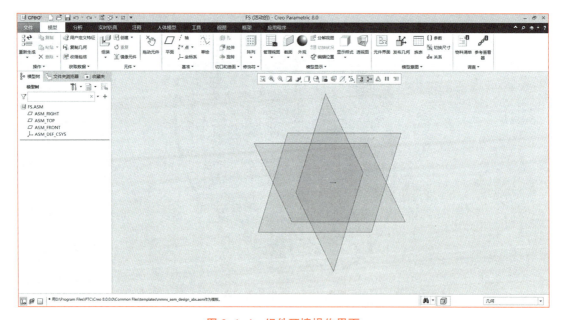

图 3-1-4 组件环境操作界面

技巧提示

选择 mmns_part_solid 模板,系统会自动创建三个装配基准面,即 ASM-FRONT、ASM_TOP、ASM_RIGHT。

2. 点击【组装】命令 ，浏览找到 \ 单元三 \ 项目一 \1.prt 文件，点击【打开】将"电机外罩"零件装入组件环境，如图 3-1-5 所示。设置约束类型为"默认"，点击【确认】按钮，如图 3-1-6 所示。

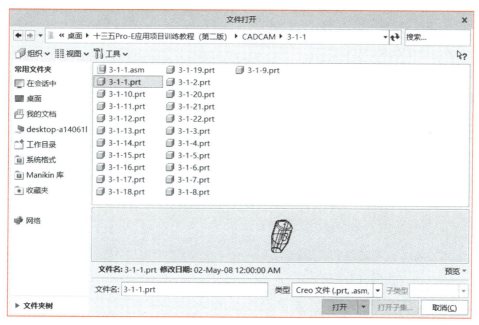

图 3-1-5　装配"电机外罩"零件

图 3-1-6　设置"电机外罩"零件的约束为"默认"

技巧提示

　　"默认"约束即将元件的默认坐标系与组件的默认坐标系对齐来进行放置，这种约束生效后元件的状态为完全约束，自由度为 0，一般组件中的底座、外壳等不产生运动的元件会作为第一个装配对象以"默认"约束的方式装入。

3. 点击【组装】命令 ，浏览找到 \ 单元三 \ 项目一 \2.prt，点击【打开】将"防护后罩"零件装入组件环境，如图 3-1-7 所示。点击上方【元件放置】工具栏中的【放置】选项卡，选择 A_5 轴与 A_1 轴重合，如图 3-1-8、图 3-1-9、图 3-1-10 所示。点击【新建约束】命令，继续点选防护后罩小圈端面与电机外罩台阶面，设置为重合，如图 3-1-11 所示，点击【确定】

按钮,最终装配结果如图 3-1-12、图 3-1-13 所示。防护后罩与电机外罩之间的约束关系见表 3-1-1。

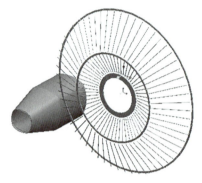

图 3-1-7　装配"防护后罩"零件

图 3-1-8　【放置】选项卡

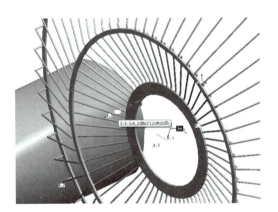

图 3-1-9　约束关系

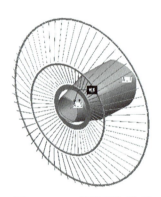

图 3-1-10　轴线重合关系

图 3-1-11　新建约束关系

图 3-1-12　约束关系

图 3-1-13　装配"防护后罩"零件

表 3-1-1　防护后罩与电机外罩之间的约束关系

约束类型	防护后罩	电机外罩	偏移
轴对齐	A_5 轴	A_1 轴	重合
平移	小圈后端面	台阶面	重合

4. 点击【组装】命令 📓，浏览找到 \单元三\项目一\3.prt，点击【打开】将"垫板"零件装入组件环境。点击上方【元件放置】工具栏中的【放置】选项卡，选择垫板的 A_1 轴与电机外罩的 A_1 轴重合，如图 3-1-14 所示。点击【新建约束】命令，继续点选垫板后端面与电机外罩台阶面，设置为重合，如图 3-1-15 所示，点击【确定】按钮，最终装配结果如图 3-1-16 所示。垫板与电机外罩之间的约束关系见表 3-1-2。

图 3-1-14　【放置】选项卡

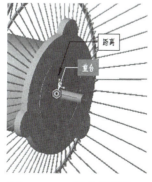

图 3-1-15　新建约束关系

图 3-1-16　装配"垫板"零件

表 3-1-2　垫板与电机外罩之间的约束关系

约束类型	垫板	电机外罩	偏移
轴对齐	A_1 轴	A_1 轴	重合
平移	垫板后端面	台阶面	重合

5. 点击【组装】命令 ，浏览找到 \ 单元三 \ 项目一 \4.prt，点击【打开】将 "叶片" 零件装入组件环境，如图 3-1-17 所示。点击上方【元件放置】工具栏中的【移动】选项卡，选择运动类型为 "旋转"，将零件视图旋转至如图 3-1-18 所示视图角度，点击叶片零件后，移动鼠标将零件旋转至叶片上的孔对准叶片轴的角度后单击放下，如图 3-1-19 所示。将装配工具条中的【连接类型】栏改为【销】，如图 3-1-20 所示，选择叶片的 A_1 轴与电机外罩的 A_1 轴重合，继续点选叶片孔的底面与电机外罩伸出轴端面，设置为重合，如图 3-1-21 所示，点击【确定】按钮，最终装配结果如图 3-1-22 所示。叶片与电机外罩之间的约束关系见表 3-1-3。

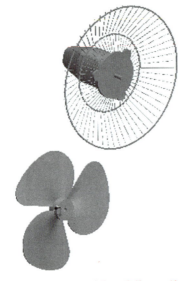

图 3-1-17　将 "叶片" 零件装入组件环境　　　　图 3-1-18　调整视图方向

图 3-1-19　旋转叶片　　　　　　　　图 3-1-20　设置为销连接

图 3-1-21 新建约束关系

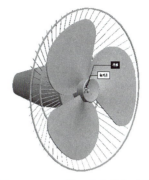

图 3-1-22 装配"叶片"零件

技巧提示

如果零件之间不需要产生相对运动的关系,【连接类型】处可以不选择,如果需要在元件之间生成指定的机构运动,则需要按照实际情况在【连接类型】处选择正确的连接方式,如"销"连接方式即在两个相互连接的对象之间产生一个旋转自由度,两个对象允许相对绕轴产生旋转运动。此处圆盘需要绕底座上的轴作旋转运动,所以用"销"连接方式来连接 A、B 两个零件。一个"销"连接的定义需要一组旋转轴的对齐和一组面之间的平移对齐。

表 3-1-3 叶片与电机外罩之间的约束关系

约束类型	叶片	电机外罩	偏移
轴对齐	A_1 轴	A_1 轴	重合
平移	孔底面	轴端面	重合

6. 点击【组装】命令 ，浏览找到\单元三\项目一\5.prt,点击【打开】将"防护前罩"零件装入组件环境,如图 3-1-23 所示。选择前罩的 A_1 轴与防护后罩的 A_1 轴重合,继续点选防护前罩的端面与防护后罩的端面,设置为"重合",重合方向改为"匹配",如图 3-1-24 所示,点击【确定】按钮,最终装配结果如图 3-1-25。防护前罩与后罩之间的约束关系见表 3-1-4。

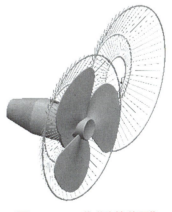

图 3-1-23 将"防护前罩"零件装入组件环境

125

图 3-1-24　新建约束关系　　　　　　图 3-1-25　装配"防护前罩"零件

表 3-1-4　防护前罩与后罩之间的约束关系

约束类型	前罩	后罩	偏移
轴对齐	A_1 轴	A_1 轴	重合
平移	端面	端面	重合

7. 点击【组装】命令 🔧，浏览找到 \ 单元三 \ 项目一 \6.prt，点击【打开】将"挡板"零件装入组件环境，如图 3-1-26 所示。选择挡板的 A_1 轴与防护前罩的 A_1 轴重合，继续点选挡板的前端面与防护前罩的端面，设置为重合，如图 3-1-27 所示，点击【确定】按钮。挡板与防护前罩之间的约束关系见表 3-1-5。

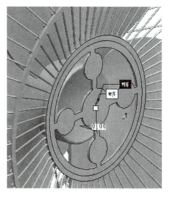

图 3-1-26　将"挡板"零件装入组件环境　　　图 3-1-27　装配"挡板"零件

表 3-1-5　挡板与防护前罩之间的约束关系

约束类型	挡板	防护前罩	偏移
轴对齐	A_1 轴	A_1 轴	重合
平移	挡板前表面	前罩前表面	重合

8. 点击【组装】命令 🔧，浏览找到 \ 单元三 \ 项目一 \7.prt，点击【打开】将"后盖"零件装入组件环境，如图 3-1-28 所示。选择后盖的 A_1 轴与电机外罩的 A_1 轴重合，继续点选后

盖的后端面与电机外罩的后端面,设置为重合,如图 3-1-29 所示,点击【确定】按钮。后盖与电机外罩之间的约束关系见表 3-1-6。

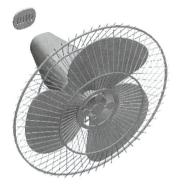

图 3-1-28　装"后盖"零件装入组件环境　　　图 3-1-29　装配"后盖"零件

表 3-1-6　后盖与电机外罩之间的约束关系

约束类型	后盖	电机外罩	偏移
轴对齐	A_1 轴	A_1 轴	重合
平移	挡板后表面	电机外罩后表面	重合

9. 点击【文件】-【保存】,保存运动模型。

第二步:完成扇叶的机构运动仿真

Pro/E 软件包含的机构运动仿真模块能够对按照运动关系正确装配的组件进行模拟仿真、检测干涉、参数分析等操作,实现了计算机环境下的产品虚拟检测和分析,便于后期的优化和修改。

1. 打开上一步中装配好的运动模型,点击【应用程序】-【机构】命令,进入机构运动仿真环境,如图 3-1-30 所示。

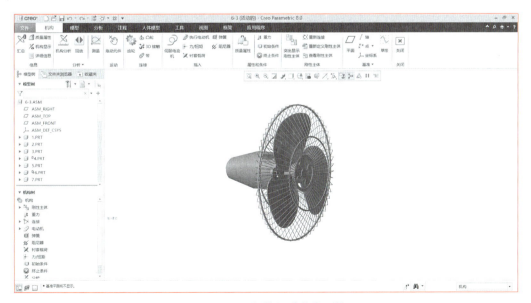

图 3-1-30　机构运动仿真环境

2. 点击【伺服电动机】命令 ，选择叶片与电机外罩零件装配时产生的销连接运动轴，点击【配置文件详情】选项卡，设置参数如图3-1-31、图3-1-32所示。

图3-1-31　【配置文件详情】选项卡　　　　图3-1-32　伺服电动机

3. 点击【机构分析】命令 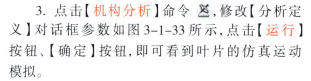，修改【分析定义】对话框参数如图3-1-33所示，点击【运行】按钮、【确定】按钮，即可看到叶片的仿真运动模拟。

4. 点击【回放】命令 ◀▶，在【回放】控制面板选择需要回放的分析结果集，如图3-1-34所示。点击【回放】控制面板中【播放当前结果集】命令 ◀▶，进入【动画】控制面板，如图3-1-35所示。点击【捕获】命令以输出动画，如图3-1-36所示。

5. 点击【文件】-【保存】，关闭窗口。

图3-1-33　【分析定义】对话框

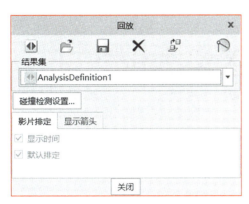

图 3-1-34　【回放】控制面板

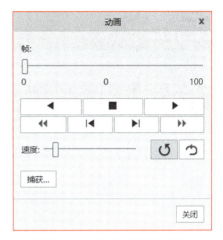

图 3-1-35　【动画】控制面板

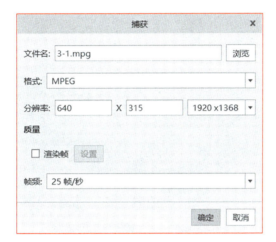

图 3-1-36　【捕获】控制面板

项目二

曲柄滑块机构装配、仿真及运动参数分析

【项目介绍】

　　曲柄滑块机构是常见的运动机构之一，本任务将通过完成曲柄滑块机构（图 3-2-1）的零件建模、组装、机构运动仿真、参数分析等，重点介绍 Pro/E 软件组件的设计思路和方法技巧。

模型

曲柄滑块
机构

图 3-2-1　曲柄滑块机构

【操作步骤】

　　第一步：创建曲柄滑块机构的零件

1. 选择 mmns_part_solid 模板，创建底座零件，命名为"A"。

（1）利用拉伸特征绘制如图 3-2-2 所示草绘，并拉伸 15 mm，如图 3-2-3 所示。

（2）在拉伸特征上切除一条宽度为 10 mm，深度也为 10 mm 的槽，如图 3-2-4 所示。

（3）绘制如图 3-2-5 所示草绘，拉伸 35 mm，形成如图 3-2-6 所示拉伸特征。

（4）绘制如图 3-2-7 所示草绘并向上拉伸 6 mm，如图 3-2-8 所示。

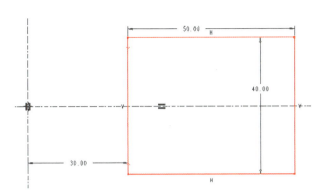

图 3-2-2　拉伸草绘

图 3-2-3　拉伸特征

图 3-2-4　拉伸切除特征

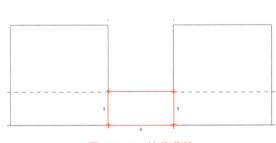

图 3-2-5　拉伸草绘

图 3-2-6　拉伸特征

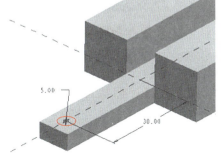

图 3-2-7　拉伸草绘

图 3-2-8　拉伸特征

（5）对指定边线添加 C10 的倒角，如图 3-2-9，保存零件。

2. 选择 mmns_part_solid 模板，创建圆盘零件，命名为"B"。

（1）选择 FRONT 面，绘制如图 3-2-10 所示草绘，拉伸 5 mm，如图 3-2-11 所示。

（2）在圆盘上表面绘制如图 3-2-12 所示草绘，拉伸 8 mm，如图 3-2-13 所示，保存零件。

图 3-2-9　倒角特征

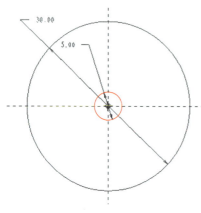

图 3-2-10　拉伸草绘

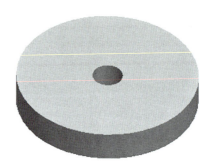

图 3-2-11　拉伸特征

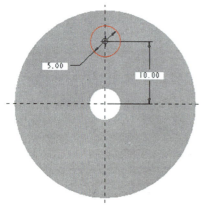

图 3-2-12　拉伸草绘

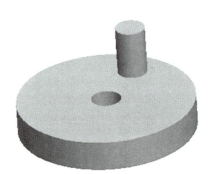

图 3-2-13　拉伸特征

3. 选择 mmns_part_solid 模板，创建连杆零件，命名为"C"。

（1）选择 FRONT 面，绘制如图 3-2-14 所示草绘，两侧对称拉伸 5 mm，如图 3-2-15 所示。

（2）选择 FRONT 面，绘制如图 3-2-16 所示草绘，两侧对称拉伸 3 mm，如图 3-2-17 所示，保存零件。

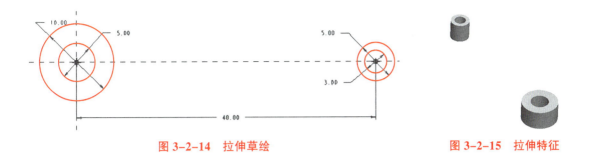

图 3-2-14 拉伸草绘　　　　　　　　图 3-2-15 拉伸特征

图 3-2-16 拉伸草绘

图 3-2-17 连杆零件

4. 选择 mmns_part_solid 模板，创建滑块零件，命名为"D"。

（1）选择 FRONT 面，绘制如图 3-2-18 所示草绘，拉伸 10 mm，如图 3-2-19 所示。

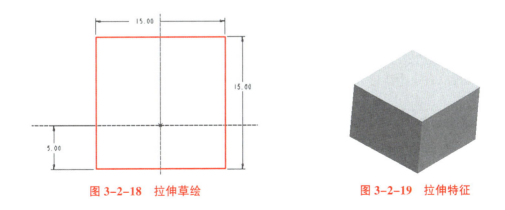

图 3-2-18 拉伸草绘　　　　　　　图 3-2-19 拉伸特征

（2）在拉伸特征的侧面绘制如图 3-2-20 所示草绘，拉伸贯穿切除，如图 3-2-21 所示。

（3）在拉伸特征的上表面，绘制如图 3-2-22 所示草绘，拉伸贯穿切除，如图 3-2-23 所示，保存零件。

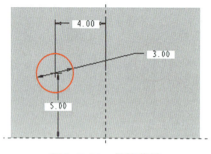

图 3-2-20　拉伸草绘

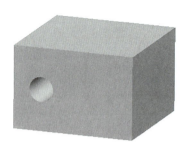

图 3-2-21　拉伸切除特征

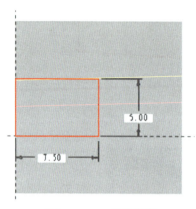

图 3-2-22　拉伸草绘

图 3-2-23　拉伸切除特征

5. 选择 mmns_part_solid 模板,创建销钉零件,命名为"D"。

（1）利用拉伸特征创建 $\phi 3 \times 10$ mm 的圆柱。

（2）对该圆柱的两端边线添加倒角 C0.5,如图 3-2-24,保存零件。

第二步:组装曲柄滑块机构

1. 点击【文件】-【新建】,选择【装配】类型【设计】子类型,修改组件名称,取消勾选【使用默认模板】选项,在弹出的【新文件选项】对话框中选择"mmns_asm_desing"模板,点击【确定】进入组件环境,如图 3-2-25、图 3-2-26 所示。

图 3-2-24　销钉零件

🌐 **技巧提示**

后缀名为 .asm 的文件为 Pro/E 的组件文件。

图 3-2-25　【新建】对话框

图 3-2-26　【新文件选项】对话框选择模板

2. 组件环境如图 3-2-27 所示。

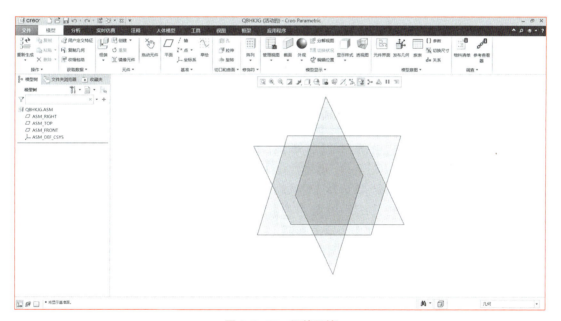

图 3-2-27　组件环境

3. 点击【组装】命令 ⬚，在弹出的【打开】对话框中选则要加入组装的零件,此处选择"A.prt"零件,点击【打开】,在出现的【元件放置】工具栏中的【当前约束】列表中选择"默认",点击【确定】按钮,确定零件位置,完成第一个底座零件的装配,如图 3-2-28 所示。

4. 点击【组装】命令 ⬚,在弹出的【打开】对话框中选则"B.prt"零件,点击【打开】,在【元件放置】工具栏中的【连接类型】栏下选择"销",然后打开面板上的【放置】选项卡,选择圆盘的"A_3"轴与底座的"A_2"轴重合,再选择圆盘的下表面与底座槽的上表面重合,如图 3-2-29 所示。点击【确定】按钮完成圆盘零件的装配,如图 3-2-30 所示。圆盘与底座之间的约束关系见表 3-2-1。

图 3-2-28　设置"A"零件("底座"零件)的约束为"默认"

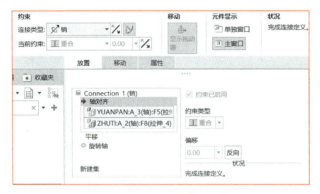

图 3-2-29　【放置】选项卡

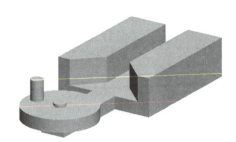

图 3-2-30　装配"圆盘"零件

表 3-2-1　圆盘与底座之间的约束关系

约束类型	圆盘	底座	偏移
轴对齐	A_3 轴	A_2 轴	重合
平移	圆盘下表面	底座槽上表面	重合

5. 点击【组装】命令 ,在弹出的【打开】对话框中选则"C.prt"零件,点击【打开】,在【元件放置】工具栏中的【连接类型】选择"销",然后打开面板上的【放置】选项卡,选择连杆大端的"A_5"轴与圆盘的"A_6"轴重合,再选择连杆大端的下表面与圆盘的上表面重合,如图 3-2-31 所示。但此时连杆的小段伸进了底座中,显然不合理,此时我们可以打开【移动】选项卡,选择"旋转"的运动类型,选择 A_6 轴作为运动参照,左键单击连杆小端后往外旋出,如图 3-2-32、图 3-2-33 所示,点击【确定】按钮完成圆盘零件的装配。连杆与圆盘之间的约束关系见表 3-2-2。

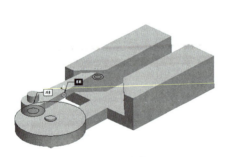

图 3-2-31　约束关系

图 3-2-32　【移动】选项卡

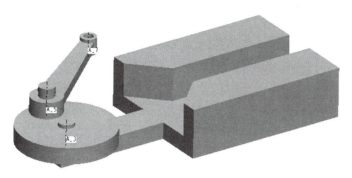

图 3-2-33　移动调整连杆位置

表 3-2-2　连杆与圆盘之间的约束关系

约束类型	连杆	圆盘	偏移
轴对齐	A_5 轴	A_6 轴	重合
平移	连杆大端下表面	圆盘上表面	重合

技巧提示

【移动】选项卡可以对正在装配中的元件进行平移、旋转、定向等移动操作。

6. 点击【组装】命令 ，在弹出的【打开】对话框中选则"D.prt"零件,点击【打开】,在【元件放置】工具栏中的【连接类型】选择"销",如图 3-2-34 所示。然后打开面板上的【放置】选项卡,选择滑块零件的"A_2"轴与连杆的"A_7"轴重合,再选择滑块槽的内表面与连杆小端的上表面重合,接着点击【放置】选项卡中的【新设置】命令,用户定义中选择新的约束条件类型为"平面",选择滑块的侧面与底座槽的侧面重合,如图 3-2-35 所示。点击【确定】按钮完成滑块的装配,如图 3-2-36 所示。滑块与连杆之间的约束关系见表 3-2-3,滑块与底座之间的约束关系见表 3-2-4。

图 3-2-34　销约束

图 3-2-35　【放置】选项卡

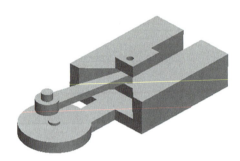

图 3-2-36　装配"滑块"零件

表 3-2-3　滑块与连杆之间的约束关系

约束类型	滑块	连杆	偏移
轴对齐	A_2 轴	A_7 轴	重合
平移	滑块内侧上表面	连杆小端上表面	重合

表 3-2-4　滑块与底座之间的约束关系

约束类型	滑块	底座	偏移
平面	滑块侧面	底座槽内侧面	重合

技巧提示

　　此处滑块相对于连杆小端作旋转运动,应当使用销钉进行组装,另该滑块同时相对于底座槽内侧面作来回运动,此运动过程中滑块侧面始终紧贴底座槽侧面,应当再使用一个平面连接来确立滑块与底座之间的运动关系。

　　平面为 1 个旋转自由度和 2 个平移自由度,允许通过平面接头连接的主体在一个平面内相对运动,相对垂直于该平面的轴旋转。

7. 点击【组装】命令 🔳，在弹出的【打开】对话框中选则"E.prt"零件，点击【打开】，在【元件放置】工具栏中的【连接类型】栏下选择"销"，然后打开面板上的【放置】选项卡，选择销钉零件的"A_2"轴与滑块的"A_2"轴重合，再选择销钉的上表面与滑块的上表面重合，点击【确定】按钮完成销钉的装配，如图3-2-37、图3-2-38。销钉与滑块之间的约束关系见表3-2-5。

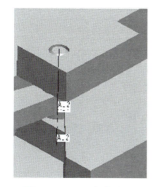

图 3-2-37 约束关系

图 3-2-38 【放置】选项卡

表 3-2-5 销钉与滑块之间的约束关系

约束类型	销钉	滑块	偏移
轴对齐	A_2轴	A_2轴	重合
平移	销钉上表面	滑块上表面	重合

8. 保存装配体至工作目录。

第三步：创建曲柄滑块机构的爆炸视图

点击【视图】-【模型显示】-【分解视图】命令，点击要分解开的零件，按住要移开方向的轴拖动零件，以此将装配体的零件分解开形成分解视图，如图3-2-39所示。【分解】控制面板如图3-2-40所示。曲柄滑块机构的装配关系概览见表3-2-6。

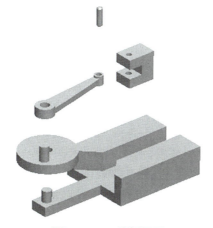

图 3-2-39 分解视图

图 3-2-40 【分解】控制面板

表 3-2-6　曲柄滑块机构的装配关系概览

装配对象	运动关系	接头类型
圆盘 vs 底座	旋转运动	销钉连接
连杆大端 vs 圆盘	旋转运动	销钉连接
连杆小端 vs 滑块	旋转运动	销钉连接
滑块 vs 底座	平面运动	平面连接
销钉 vs 滑块	旋转运动	销钉连接

技巧提示

　　分解视图将模型中的每个元件与其他元件分开表示，但并不影响设计意图和装配的实际约束关系，仅仅在外观上显示为分解状态，有利于表达各个零部件的相对位置关系，通常用于表达组件的装配过程和构成关系。

　　第四步：曲柄滑块机构的运动仿真

　　Pro/E 软件包含的机构运动仿真模块能够对按照运动关系正确装配的组件进行模拟仿真、检测干涉、参数分析等操作，实现了计算机环境下的产品虚拟检测和分析，便于后期的优化和修改。

　　机构运动仿真的创建可以按照如下流程进行：

装配运动模型 ➡ 设置运动环境 ➡ 分析和获取结果

　　1. 打开上一步中装配好的运动模型，点击【应用程序】-【机构】命令，进入机构运动仿真环境，如图 3-2-41 所示。

　　2. 点击【伺服电动机】命令 ，选择圆盘与底座零件装配时产生的销钉连接运动轴，点击【配置文件详情】选项卡，设置参数如图 3-2-42、图 3-2-43 所示。

　　3. 点击【机构分析】命令 ，修改【分析定义】对话框参数如图 3-2-44 所示，类型选择为"运动学"，点击【运行】按钮、【确定】按钮，即可看到曲柄滑块机构的仿真运动模拟。

　　4. 点击【回放】命令 ，选择需要回放的分析结果集，如图 3-2-45 所示。点击【回放】控制面板【播放当前结果集】命令 ，进入【动画】控制面板，点击【捕获】命令以输出动画，如图 3-2-46、图 3-2-47 所示。

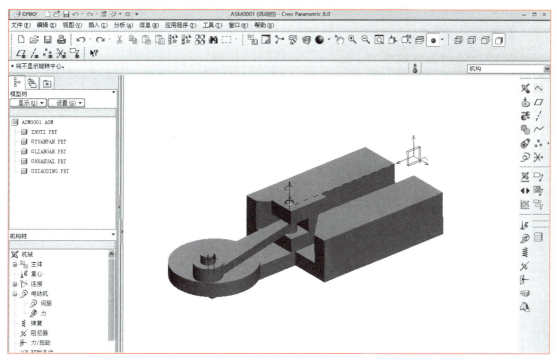

图 3-2-41　机构运动仿真环境

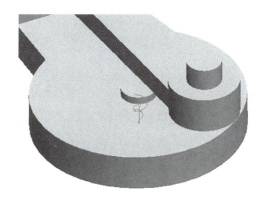

图 3-2-42　【配置文件详情】选项卡　　　　图 3-2-43　伺服电动机

图 3-2-45　【回放】控制面板

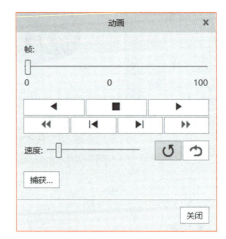

图 3-2-46　【动画】控制面板

图 3-2-44　【分析定义】对话框

图 3-2-47　【捕获】控制面板

5. 机构运动仿真环境可以实时测量运动仿真过程中的参数变化,本项目以测量滑块的滑动速度与时间之间的关系为例。点击【测量】命令 ,弹出如图 3-2-48 所示【测量结果】控制面板。点击【创建新测量】命令 ,出现如图 3-2-49 所示【测量定义】控制面板,新建一个物理量命名为"speed",选择类型为速度,选择滑块上平面连接图标上的滑动运动轴,点击【确定】按钮,如图 3-2-50 所示。

图 3-2-48 【测量结果】控制面板

图 3-2-49 【测量定义】控制面板

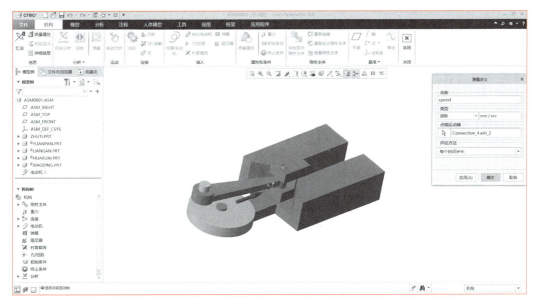

图 3-2-50 选择平面连接运动轴

143

6. 回到【测量】结果控制面板后点击要与定义的速度关联的结果集，软件系统即计算出实时的速度大小，如图3-2-51所示。点击左上角【根据选定结果集绘制选定测量的图形】命令，可以绘出速度与时间的关系图，在此图中可查出任意时间的速度值，如图3-2-52所示。

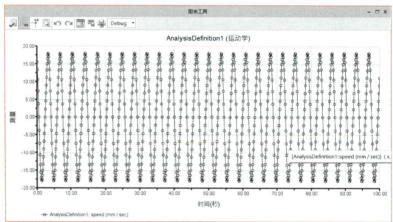

图3-2-51　实时速度显示　　　　　　　　　图3-2-52　速度与时间的关系图

技巧提示

机构仿真的建立可以按照如下顺序进行。

1. 装配运动模型

需要做仿真运动的机构在装配时就需要注意添加运动连接，本任务中用到了"销"和"平面"两类连接关系。设计者需要了解元件之间的相对运动状态以及机械设计理论在定义运动中是如何放置约束和确定自由度的。在【连接类型】中提供了如下运动连接关系：

（1）刚性：自由度为0，刚性连接的零件构成单一主体，一般定义机架时需要此连接。

（2）销：有1个旋转自由度，允许沿指定轴旋转。

（3）滑块：有1个平移自由度，允许沿轴平移。

（4）圆柱：有1个旋转自由度和1个平移自由度，允许沿指定轴平移并且相对于该轴旋转。

（5）平面：有1个旋转自由度和2个平移自由度，允许通过平面接头连接的主体在一个平面内相对运动，相对垂直与该平面的轴旋转。

（6）球：有3个旋转自由度，但是没有平移自由度。

（7）焊缝：自由度为0，将两个零件粘接在一起，需定义坐标系对齐。

（8）轴承：有3个旋转自由度和1个平移自由度，是球接头和滑动杆接头的组合，允许接头在连接点沿任意方向旋转，沿指定轴平移。

（9）常规：创建有两个约束的用户定义集。

（10）6DOF：允许沿三根轴平移同时绕其旋转。

（11）槽：包含1个点对齐约束，允许沿一条非直线轨迹旋转。

2. 设置运动环境

本项目中涉及到了设置伺服电动机的操作，伺服电动机能够为机构提供驱动，可以实现平移和旋转运动，并可以用函数的方式定义运动轮廓。

3. 分析和获取结果

在【分析定义】操控面板中提供了【位置】【运动学】【动态】【静态】和【力平衡】等类型的分析功能，【首选项】选项卡中可以设置模拟动画的起止时间设定、锁定不必要的自由度等，【电动机】选项卡中可以设置电动机运行起止时间、方向等参数。

分析完毕的结果集可以在【测量结果】操控面板中定义参数，来分析提取需要的测量结果。

项目三

活塞连杆组装配及运动仿真

 【项目介绍】

由曲轴、活塞、连杆、活塞销、飞轮等零件组成的活塞连杆组部件是汽车发动机内最主要的运动部件。活塞连杆组承受气体的作用力,经连杆推动曲轴运动,从而将活塞的往复运动转换为曲轴的旋转运动,如图 3-3-1 所示为活塞连杆组的组装模型。

模型

活塞
连杆组

图 3-3-1　活塞连杆组

 【操作步骤】

第一步:装配活塞连杆组

1. 点击【文件】-【新建】,选择【组件】类型【设计】子类型,修改组件名称为 3-3—wheel,取消勾选【使用默认模板】选项,在弹出的【新文件选项】对话框中选择"mmns_asm_desing"模板,点击【确定】进入组件环境,首先开始装配曲轴与左右飞轮。

2. 点击【组装】命令 ，在弹出的【打开】对话框中选择要加入组装的零件，此处选择"3-3-6.prt"零件，点击【打开】在出现的【元件放置】工具栏上的【当前约束】列表中选择"默认"，点击【确定】按钮，完成第一个"小轴"零件的装配，如图3-3-2所示。

3. 点击【组装】命令 ，在弹出的【打开】对话框中选择要加入组装的零件，此处选择"3-3-5.prt零件"，点击【打开】，装配"右飞轮"零件，在出现的【元件放置】工具栏中选择"刚性"连接类型，选择飞轮孔的内圆面与小轴的外圆面重合，再点选飞轮右端面与小轴右端面重合，点击【确定】按钮，确定零件位置，完成装配，如图3-3-3所示。右飞轮与小轴之间的约束关系见表3-3-1。

图3-3-2 装配"小轴"零件

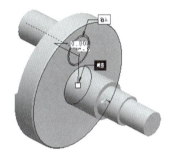
图3-3-3 装配"右飞轮"零件

表3-3-1 右飞轮与小轴之间的约束关系

约束类型	右飞轮	小轴	偏移
曲面对齐	孔内表面	轴外表面	重合
平移	飞轮右端面	轴右端面	重合

4. 点击【组装】命令 ，在弹出的【打开】对话框中选择要加入组装的零件，此处选择"3-3-4.prt"零件，点击【打开】，装配"左飞轮"零件，在出现的【元件放置】工具栏中选择"刚性"连接类型，选择飞轮孔的内圆面与小轴的外圆面重合，再点选飞轮左端面与小轴左端面重合，最后点选左飞轮圆柱面与右飞轮圆柱面重合，点击【确定】按钮，确定零件位置，完成装配，如图3-3-4所示。左飞轮与小轴、右飞轮之间的约束关系见表3-3-2。

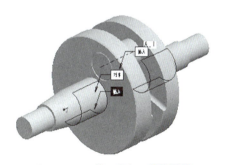
图3-3-4 装配"左飞轮"零件

表3-3-2 左飞轮与小轴、右飞轮之间的约束关系

约束类型	左飞轮	小轴	右飞轮	偏移
曲面对齐	孔内表面	轴外表面		重合
平移	飞轮右端面	轴右端面		重合
曲面对齐	飞轮轴曲面		飞轮轴曲面	重合

5. 点击【轴】命令 ✐ ,点选左飞轮圆周面,建立基准轴 AA—1,如图 3-3-5 所示。

6. 点击【平面】命令 ▱ ,选择零件平面作为参照,设置偏移值为 5.5,建立基准面 ADTM1,如图 3-3-6 所示。

7. 点击【文件】-【保存】,保存该子装配体。

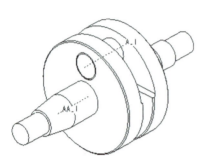

图 3-3-5　建立基准轴

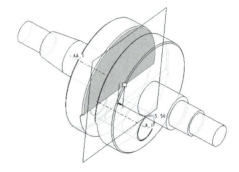

图 3-3-6　建立基准面

8. 点击【文件】-【新建】,选用 mmns_asm_desing 模板创建一个名称为"3-3"的组件。

9. 在活塞连杆组中,活塞需要沿着一根竖直轴线做上下往复运动,曲轴需要绕一根水平轴线做旋转运动,所以此时需要在装配环境中先建立两根相互垂直的轴线。点击【轴】命令 ✐ ,按住 CTRL 连续点选 ASM_FRONT 和 ASM_RIGHT 面,建立基准轴 AA_1,为了避免与其他轴混淆,可以点中该轴后按住右键不放点击【属性】命令,将轴的名称改为"A"。同法,点击 ✐ ,按住 CTRL 连续点选 ASM_FRONT 和 ASM_TOP 基准面,建立基准轴 AA_1,将其改名为"B",如图 3-3-7 所示。

10. 点击【组装】命令 📷 ,在弹出的【打开】对话框中选择已保存好的"3-3-wheel.asm"零件,在【元件放置】工具栏上选中"销"连接类型,设置飞轮组件的 AA_1 轴与装配环境下的 B 轴重合,再设置飞轮组件的 ADTM1 面与装配环境的 ASM_RIGHT 面重合,完成"飞轮组件"装配,如图 3-3-8 所示。飞轮组件与装配环境之间的约束关系见表 3-3-3。

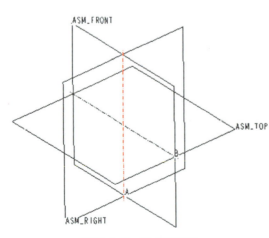

图 3-3-7　建立基准轴

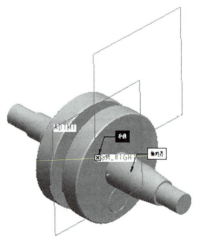

图 3-3-8　装配"飞轮组件"

表 3-3-3　飞轮组件与装配环境之间的约束关系

约束类型	飞轮组件	装配环境	偏移
轴对齐	AA_1	B	重合
平移	ADTM1	ASM_RIGHT	重合

11. 点击【组装】命令 🖱，在弹出的【打开】对话框中选择连杆零件"3-3-2.prt"，在【元件放置】工具栏上选中"销"连接类型，设置连杆大端轴线的 A_1 轴与小轴零件的 A_1 轴重合，再设置连杆零件的 DTM1 面与小轴零件的 DTM1 面重合，用【移动】选项卡下的"旋转"调整连杆位置，完成"连杆"零件装配，如图 3-3-9 所示。连杆零件与小轴零件之间的约束关系见表 3-3-4。

12. 点击【组装】命令 🖱（装配），在弹出的【打开】对话框中选择活塞零件"3-3-1.prt"，用【移动】选项卡下的旋转和平移调整活塞位置至大体正确，如图 3-3-10 所示。在【元件放置】工具栏上选中"滑块"连接类型，设置

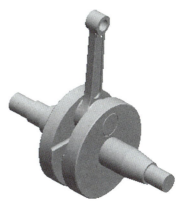

图 3-3-9　装配"连杆"零件

活塞零件的 A_2 轴与装配环境的 A 轴重合，再设置活塞零件的 DTM1 面与装配环境的 ASM_RIGHT 面重合。继续在【放置】选项卡中点击"新建约束"，将新连接类型设定为"销"，点选活塞孔轴线的 A_1 轴与连杆小端孔的 A_2 轴重合，再选择活塞零件的 DTM1 面与连杆零件的 DTM1 面重合，完成"活塞"零件装配，如图 3-3-11 所示。活塞零件与装配环境之间的约束关系见表 3-3-5，活塞零件与连杆零件之间的约束关系见表 3-3-6。

表 3-3-4　连杆零件与小轴零件之间的约束关系

约束类型	连杆	小轴	偏移
轴对齐	A_1	A_1	重合
平移	DTM1	DTM1	重合

图 3-3-10　装入"活塞"零件并调整位置

图 3-3-11　装配"活塞"零件

表 3-3-5　活塞零件与装配环境之间的约束关系

约束类型	活塞	装配环境	偏移
轴对齐	A_2	A	重合
平移	DTM1	ASM_RIGHT	重合

表 3-3-6　活塞零件与连杆零件之间的约束关系

约束类型	活塞	连杆	偏移
轴对齐	A_1	小端孔 A_2 轴	重合
平移	DTM1	DTM1	重合

13. 点击【组装】命令，在弹出的【打开】对话框中选择销零件"3-3-3.prt"，在【元件放置】工具栏上选中"销"连接类型，设置销零件的 A_1 轴和活塞孔的 A_1 轴重合，再设置销零件的 DTM1 面与活塞零件的 DTM1 面重合，完成"销"零件装配。如图 3-3-12 所示。

14. 点击【文件】-【保存】，保存已经装配完成的活塞连杆组运动模型，如图 3-3-13 所示。

图 3-3-12　装配"销"零件

图 3-3-13　装配完毕的活塞连杆组运动模型

第二步：完成活塞连杆组的机构运动仿真

1. 打开上一步中装配好的运动模型，点击【应用程序】-【机构】命令，进入机构运动仿真环境。

2. 点击【伺服电动机】命令，选择曲轴与装配环境装配时产生的销钉连接运动轴，如图 3-3-14 所示，点击【配置文件详情】选项卡，设置参数如图 3-3-15 所示。

3. 点击【机构分析】命令，修改【分析定义】对话框参数如图 3-3-16 所示，点击【运行】按钮、【确定】按钮，即可看到活塞连杆组的仿真运动模拟。

4. 点击【回放】命令（回放），选择需要回放的分析结果集，点击【播放当前结果集】命令，进入【动画】控制面板，点击【捕获】以输出动画，如图 3-3-17 所示。

5. 点击【文件】-【保存】，关闭窗口。

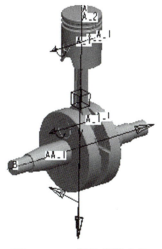

图 3-3-14　添加伺服电机

图 3-3-16　【分析定义】对话框

图 3-3-15　【配置文件详情】选项卡

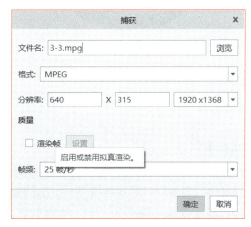

图 3-3-17　【捕获】控制面板

项目四

千斤顶组件视图及注释

【项目介绍】

千斤顶是利用螺旋传动来顶起重物的小型起重工具,如图 3-4-1 所示。主要包括底座、螺套、螺杆、绞杠、帽和销钉等零件。

这类组件模型在工程图显示时,可以使用 Pro/E 的组件视图,以创建分解视图。

模型

千斤顶

图 3-4-1　千斤顶

【操作步骤】

第一步:创建千斤顶的组件视图

1. 打开装配好的千斤顶组件 3-4.asm,点击【文件】-【新建】,选择【绘图】类型,修改工程图名称,取消勾选【使用默认模板】选项,如图 3-4-2 所示,在【新建绘图】对话框中单击【浏览】按钮,选择装配体 3-4.asm,指定模板处选择为"空",其他不变,点击【确定】进入工程图环境,如图 3-4-3、图 3-4-4 所示。

图 3-4-2 【新建】对话框

图 3-4-3 【新建绘图】对话框

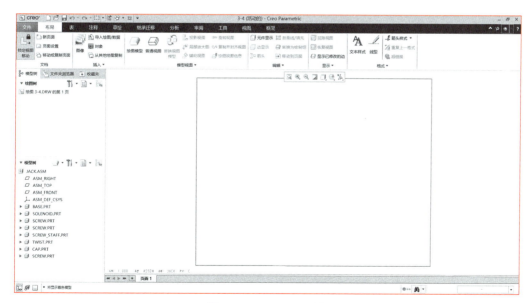

图 3-4-4 工程图环境

2. 点击【普通视图】命令 ，在弹出的如图 3-4-5 所示的【选择组合状态】对话框中选择"无组合状态"，点击【确定】按钮，在图纸中心单击将模型放置下来，在出现的【绘图视图】对话框中选择模型视图名为"LEFT"，如图 3-4-6 所示，设置比例为 0.75，如图 3-4-7 所示。

图 3-4-5 【选取组合状态】对话框

图 3-4-6 【绘图视图】对话框设置模型视图名

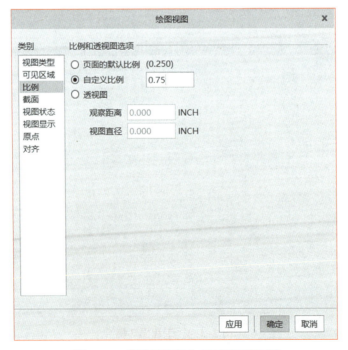

图 3-4-7 【绘图视图】对话框设置比例

3. 双击视图,在【绘图视图】对话框中点击【视图显示】选项卡,设置【显示样式】为"消隐",点击【应用】,如图3-4-8、图3-4-9所示。

图 3-4-8 【绘图视图】对话框设置视图显示方式

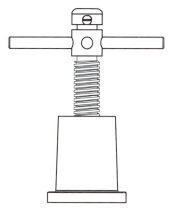

图 3-4-9 无隐藏线的模型显示

4. 点击【视图状态】选项卡,勾选【视图中的分解元件】,点击【应用】,视图将自动分解开,点击【自定义分解状态】命令,将模型的各个零件调整移动至如图3-4-10所示的位置,点击应用。

5. 点击【文件】-【保存】,保存该工程图文件。

第二步:添加注释标注

1. 在【注释】工具栏中,点击【注解】命令 ，出现【选择点】对话框如图3-4-11所示。

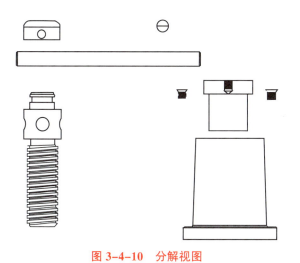

图 3-4-10 分解视图

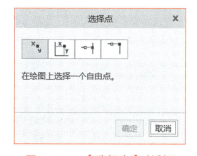

图 3-4-11 【选择点】对话框

2. 在视图中选择好添加注释点后出现【格式】工具栏,修改文字高度为0.8,如图3-4-12所示。

3. 输入第一条注释:"技术要求"。

4. 继续输入另外两条注释:"1.最大顶起重量1.5吨","2.整机表面涂防锈漆",如图3-4-13所示。

图 3-4-12　修改文字高度　　　　　　　　图 3-4-13　输入注释

5. 继续添加如图3-4-14所示注释。

6. 点击【注解】-【引线注解】命令 ,点击螺杆上的一点,单击中键确认放置。输入注释:"调质 HB225~250"。千斤顶分解视图如图3-4-15所示。

7. 点击【文件】-【保存】,关闭窗口。

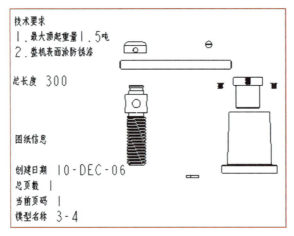

图 3-4-14　添加注释

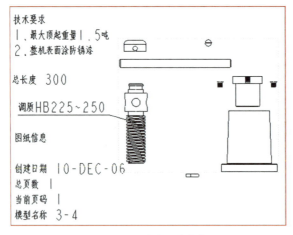

图 3-4-15　千斤顶分解视图

平口钳装配与分解动画

【项目介绍】

平口钳是用来夹持工件进行加工用的部件,它主要由钳身、活动钳口、钳口板、丝杠、螺母等零件组成(图3-5-1、图3-5-2)。丝杠固定在钳身上,转动丝杠可带动螺母作直线移动,螺母与钳口用螺钉连成整体,当丝杠转动时,活动钳口就会沿钳身移动,使得钳口闭合或开放,实现夹紧或松开的动作。

本项目将通过装配平口钳,介绍较复杂装配体的装配技巧,并介绍分解动画的生成。

模型

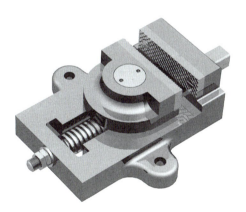

平口钳

图3-5-1 平口钳   图3-5-2 背面装配结构

【操作步骤】

第一步:装配平口钳组件

1. 选择【文件】-【新建】,选择【组件】类型【设计】子类型,修改组件名称为3-5.asm,取消勾选【使用默认模板】选项,在弹出的【新文件选项】对话框中选择"mmns_asm_desing"模板,点击【确定】进入组件环境。

2. 点击【组装】命令 ，浏览找到\单元三\项目五\3-5-1.prt，点击【打开】后将"钳身"零件装入组件环境。设置约束类型为"默认"，点击【确定】按钮，如图3-5-3所示。

3. 点击【组装】命令 ，浏览找到\单元三\项目五\3-5-9.prt，点击【打开】后将"垫圈"零件装入组件环境。设置垫圈的A_2轴与钳身的A_6轴重合，垫圈的端面与钳身的端面重合，点击【确定】按钮，如图3-5-4所示。垫圈零件与钳身零件之间的约束关系见表3-5-1。

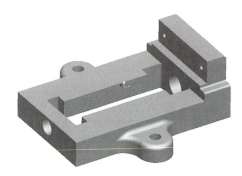

图3-5-3　装配"钳身"零件

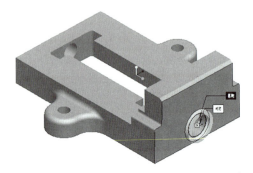

图3-5-4　装配"垫圈"零件

表3-5-1　垫圈零件与钳身零件之间的约束关系

约束类型	垫圈	钳身	偏移
轴对齐	A_2	A_6	重合
平移	端面	端面	重合

4. 点击【组装】命令 ，浏览找到\单元三\项目五\3-5-7.prt，点击【打开】后将"丝杠"零件装入组件环境。设置丝杠的A_2轴与钳身的A_6轴重合，丝杠台阶的端面与垫圈的端面重合，点击【确定】按钮，如图3-5-5所示。丝杠零件与钳身、垫圈之间的约束关系见表3-5-2。

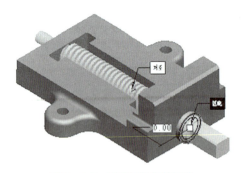

图3-5-5　装配"丝杠"零件

表3-5-2　丝杠零件与钳身、垫圈之间的约束关系

约束类型	丝杠	钳身	垫圈	偏移
轴对齐	A_2	A_6		重合
平移	台阶端面		端面	重合

5. 点击【组装】命令 ，浏览找到 \ 单元三 \ 项目五 \3-5-6.prt，点击【打开】后将"M12垫圈"零件装入组件环境。设置 M12 垫圈的 A_2 轴与钳身的 A_6 轴重合，M12 垫圈的端面与钳身的端面重合，点击【确定】按钮，如图 3-5-6 所示。M12 垫圈零件与钳身零件之间的约束关系见表 3-5-3。

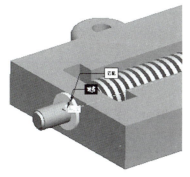

图 3-5-6　装配"M12 垫圈"零件

表 3-5-3　M12 垫圈零件与钳身
零件之间的约束关系

约束类型	M12 垫圈	钳身	偏移
轴对齐	A_2	A_6	重合
平移	端面	端面	重合

6. 点击【组装】命令 ，浏览找到 \ 单元三 \ 项目五 \3-5-5.prt，点击【打开】后将"M12螺母"零件装入组件环境。设置 M12 螺母的 A_2 轴与 M12 垫圈的 A_2 轴重合，M12 螺母的端面与 M12 垫圈的端面重合，点击【确定】按钮，如图 3-5-7 所示。M12 螺母零件与 M12 垫圈零件之间的约束关系见表 3-5-4。同法再装配另一个"螺母"零件，如图 3-5-8 所示。

图 3-5-7　装配"M12 螺母"零件

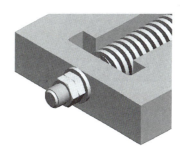

图 3-5-8　装配另一个"M12 螺母"零件

表 3-5-4　M12 螺母零件与 M12 垫圈零件之间的约束关系

约束类型	M12 螺母	M12 垫圈	偏移
轴对齐	A_2	A_2	重合
平移	端面	端面	重合

7. 点击【组装】命令 ，浏览找到 \ 单元三 \ 项目五 \3-5-2.prt，点击【打开】后将"钳口板"零件装入组件环境。设置钳口板的 A_3 轴与钳身的 A_21 轴重合，钳口板的 A_8 轴与钳身的 A_11 轴重合，钳口板的后表面与钳身的端面重合，点击【确定】按钮，如图 3-5-9 所示。钳口板零件与钳身零件之间的约束关系见表 3-5-5。

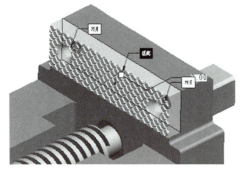

图 3-5-9　装配"钳口板"零件

表 3-5-5　钳口板零件与钳身
零件之间的约束关系

约束类型	钳口板	钳身	偏移
轴对齐	A_3	A_21	重合
轴对齐	A_8	A_11	重合
平移	端面	端面	重合（匹配）

8. 点击【组装】命令 ，浏览找到 \ 单元三 \ 项目五 \3-5-10.prt，点击【打开】后将"螺钉"零件装入组件环境。设置螺钉的 A_17 轴与钳口板的 A_3 轴重合，螺钉的头部端面与钳口板的外端面重合，点击【确定】按钮，如图 3-5-10 所示。螺钉零件与钳口板零件之间的约束关系见表 3-5-6。同法，装配另一颗"螺钉"零件，如图 3-5-11 所示。

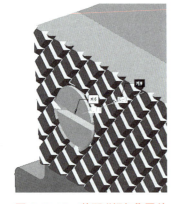

图 3-5-10　装配"螺钉"零件

表 3-5-6　螺钉零件与钳口板
零件之间的约束关系

约束类型	螺钉	钳口板	偏移
轴对齐	A_17	A_3	重合
平移	端面	端面	重合（对齐）

9. 点击【组装】命令 ，浏览找到 \ 单元三 \ 项目五 \3-5-8.prt，点击【打开】后将"螺母"零件装入组件环境。设置螺母的 A_7 轴与丝杠的 A_2 轴重合，设置螺母的台阶面与钳身背面的台阶面角度偏移为 0，设置螺母的右侧台阶面与钳口板端面之间的距离为 40，点击【确定】按钮，如图 3-5-12 所示。螺母零件的约束关系见表 3-5-7。

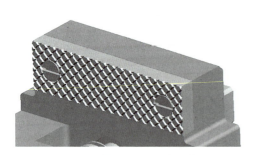

图 3-5-11　装配另一颗"螺钉"零件

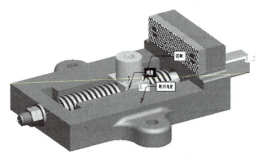

图 3-5-12　装配"螺母"零件

表3-5-7　螺母零件的约束关系

约束类型	螺母	钳口板	丝杠	钳身	偏移
轴对齐	A_7		A_2		重合
角度偏移	台阶端面			下台阶端面	0
距离	右端面	外端面			40

10. 点击【组装】命令 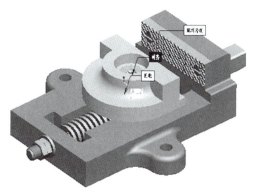，浏览找到\单元三\项目五\3-5-4.prt，点击【打开】后将"活动钳口"零件装入组件环境。设置活动钳口的A_5轴与螺母的A_2轴重合，设置活动钳口的下表面与螺母的上台阶面重合，选择活动钳口的右端面与钳口板的外表面之间的角度偏移为0，点击【确定】按钮，如图3-5-13所示。活动钳口零件的约束关系见表3-5-8。

图3-5-13　装配"活动钳口"零件

表3-5-8　活动钳口零件的约束关系

约束类型	活动钳口	螺母	钳口板	偏移
轴对齐	A_5	A_2		重合
偏移	下表面	上台阶面		重合
角度偏移	右端面		外端面	0

11. 点击【组装】命令 ，浏览找到\单元三\项目五\3-5-3.prt，点击【打开】后将"螺钉"零件装入组件环境。设置螺钉的A_4轴与活动钳口的A_2轴重合，设置螺钉的下台阶面与活动钳口孔的台阶面重合，点击【确定】按钮，如图3-5-14所示。螺钉零件与活动钳口零件之间的约束关系见表3-5-9。

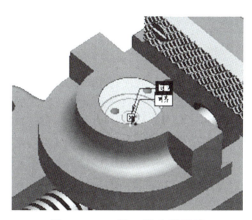

图3-5-14　装配"螺钉"零件

表3-5-9　螺钉零件与活动钳口
零件之间的约束关系

约束类型	螺钉	活动钳口	偏移
轴对齐	A_4	A_2	重合
偏移	下台阶面	孔台阶面	重合

12. 点击【组装】命令 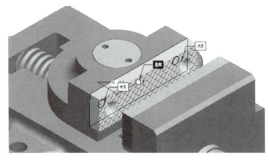,浏览找到\单元三\项目五\3-5-2.prt,点击【打开】后将"钳口板"零件装入组件环境。设置钳口板的 A_8 轴与活动钳口的 A_8 轴重合,钳口板的 A_3 轴与钳身的 A_13 轴重合,钳口板的后表面与活动钳口的端面重合,点击【确定】按钮,如图 3-5-15 所示。钳口板零件与活动钳口零件之间的约束关系见表 3-5-10。

图 3-5-15 装配"钳口板"零件

表 3-5-10 钳口板零件与活动钳口零件之间的约束关系

约束类型	钳口板	活动钳口	偏移
轴对齐	A_8	A_8	重合
轴对齐	A_3	A_13	重合
偏移	下台阶面	孔台阶面	重合

13. 点击【组装】命令 ,浏览找到\单元三\项目五\3-5-10.prt,点击【打开】后将"螺钉"零件装入组件环境。设置螺钉的 A_17 轴与钳口板的 A_3 轴重合,螺钉的头部端面与钳口板的外端面重合,点击【确定】按钮。同法,装配另一颗"螺钉"零件,如图 3-5-16 所示。

14. 点击【文件】-【保存】。

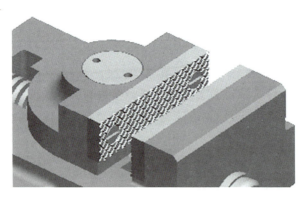

图 3-5-16 装配"螺钉"零件

第二步:平口钳分解动画设计

接下来,我们将通过 Pro/e 软件的动画模块来完成产品的分解动画。首先我们删除刚才所有给元件添加的约束关系,以保证做动画的动作独立性。

1. 创建各装配动画步骤对应的零部件装配状态(即分解状态)。点击选中分解视图,并进行管理视图,新建 3 种视图:1 为合并状态,2 为分解状态,3 为合并状态,如图 3-5-17 所示。

2. 点击【应用程序】-【动画】命令,出现如图 3-5-18 所示动画环境。

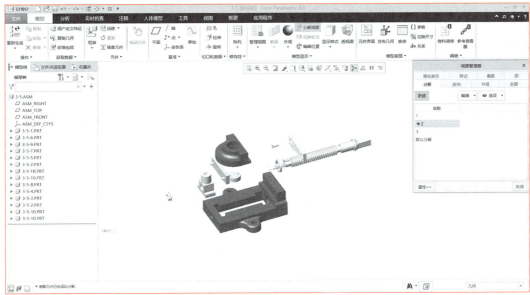

图 3-5-17 分解视图

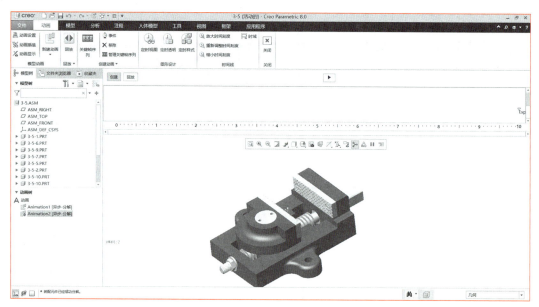

图 3-5-18　动画环境

　　3. 点击【动画】工具栏的【关键帧序列】命令,弹出【关键帧序列】对话框,如图 3-5-19 所示。

　　4. 在【关键帧序列】对话框内,点击关键帧小区域栏内的三角箭头,弹出前期创建的各零部件装配状态(分解状态),在右侧弹出的对话框内,依次按照装配动画顺序选择前期创建的各零部件的装配状态,每选择完一个后点击“+”然后设置对应时间(分别对应 1、2、3 状态的设置时间为 0、5、10 秒),如图 3-5-20 所示。

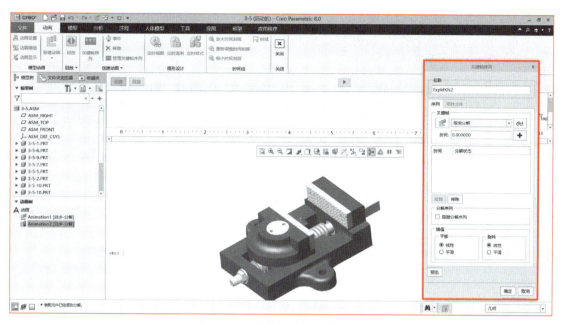

图 3-5-19　【关键帧序列】对话框

关键帧序列

名称

ExpldKfs2

序列　刚性主体

关键帧

1

时间: 0.000000　＋

时间	分解状态
0	1
5	2
10	3

反转　移除

分解序列

□ 跟随分解序列

插值

平移	旋转
⊙ 线性	⊙ 线性
○ 平滑	○ 平滑

预览

确定　取消

图 3-5-20　设置各零件装配状态对应时间

5. 在【关键帧序列】对话框内点击【确定】后,出现如图所示画面,点击上边的【播放】命令,简单的装配动画就完成了,如图 3-5-21 所示。

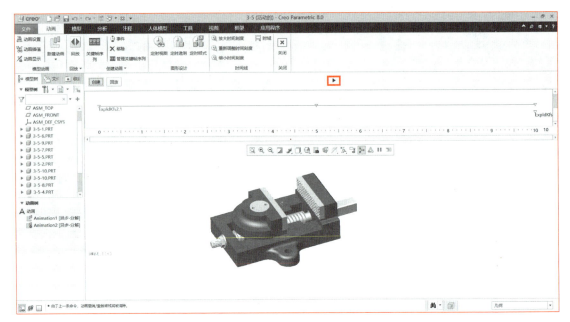

图 3-5-21　播放装配对话

6. 点击【回放】-【导出】命令,导出所需的格式即可,如图 3-5-22 所示。

图 3-5-22　导出动画

技巧提示

导出后视频格式文件较大,建议直接在 Pro/E 软件演示装配动画过程。

项目六

端盖零件的工程图生成

【项目介绍】

在实际生产过程中,特别是在生产的第一线,传统的二维平面工程图是必不可少的数据交互手段,是指导工人生产、交流表达设计意图的常规方式。Pro/E 软件提供了强大的工程图功能,用户可以直接由建立的三维零件模型投影得到需要的工程视图,包括各种基本视图、剖视图、局部放大图和旋转视图等,并可以在图样上根据设计需要标注尺寸公差、形位公差、表面粗糙度、注释及注写技术要求等。

本项目通过生成端盖零件(图 3-6-1)工程图(图 3-6-2)的实例来介绍 Pro/E 软件的工程图的绘制过程、尺寸要求注写和编辑处理方法。

模型

端盖

图 3-6-1 端盖零件

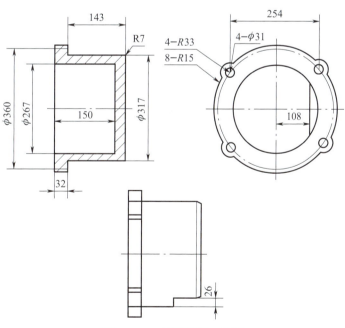

图 3-6-2 端盖零件工程图

【操作步骤】

1. 点击【文件】–【新建】,选择【绘图】类型,修改名称,取消勾选【使用默认模版】选项,如图 3-6-3 所示,在【新建绘图】对话框中,点击【浏览】命令找到需要生成工程图的零件 3-6.prt,点击【打开】,选择图纸方向为"横向",图纸大小为"A3",点击【确定】,如图 3-6-4 所示,进入工程图环境,如图 3-6-5 所示。

图 3-6-3 【新建】对话框

图 3-6-4 【新建绘图】对话框

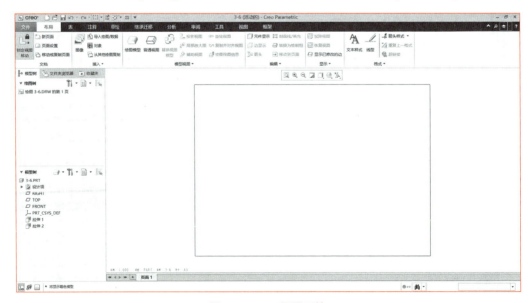

图 3-6-5 工程图环境

2. 编辑配置文件。点击【文件】–【准备】–【绘图属性】命令，弹出【绘图属性】对话框，点击"细节选项"后面的【更改】命令，如图 3-6-6 所示。

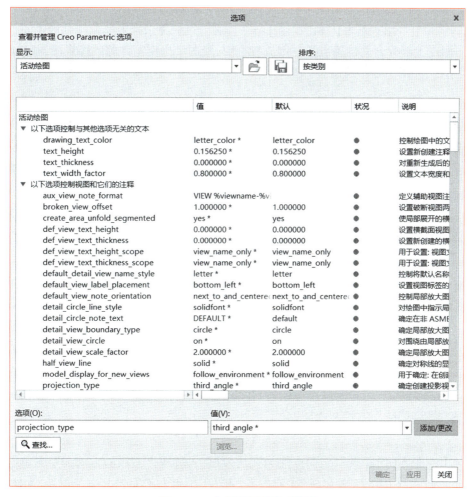

图 3-6-6　【绘图属性】对话框

（1）找到"projection_type"选项，其原值为"third_angle"，修改为"first_angle"，点击【添加 / 更改】–【应用】–【确定】。

　　Pro/E 软件是美国 PTC 公司研发的软件，默认使用第三角投影方式（third_angle），而我国采用第一角投影方式（first_angle）。为了使工程图符合我国制图国家标准的要求，此处应将默认的第三角投影方式改为第一角投影方式。

（2）找到"drawing_units"选项，其原值为"inch*"，修改为"mm"，点击【添加 / 更改】–【应用】–【确定】。这一选项用于设置的工程图单位，原单位为英制单位，此处我们把默认长度单位改为毫米以符合我国制图国家标准。

（3）找到"text_height"，修改文本高度为 3。

3. 绘制一般视图。点击【普通视图】命令 ⬚，根据提示选取绘制视图的中心点。此处我们在图面左上部分合适位置点击左键放置视图，绘图区出现零件的三维视图，并弹出【绘图视图】对话框，如图 3-6-7 所示。

图 3-6-7　【绘图视图】对话框

4. 在【视图方向】中选取定向方法为几何参照，通过两个不同的方向参照来定位模型视图。此处我们点选 RIGHT 面向底，底面向左，点击【应用】–【关闭】，放正零件，如图 3-6-8、图 3-6-9 所示。

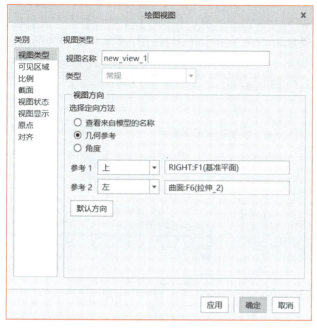

图 3-6-8　【绘图视图】对话框几何参照定位　　　　　　图 3-6-9　视图定位

5. 点击【投影视图】命令 <kbd>投影视图</kbd>，点击上一步中生成的视图向下拖动至合适的位置，点击左键放置，生成俯视图，再点击【投影视图】命令 <kbd>投影视图</kbd>，点击上一步中生成的视图向右拖动，点击左键放置，生成左视图，如图 3-6-10 所示。点击工具栏上的【显示样式】-【隐藏线】命令 （隐藏线显示），如图 3-6-11 所示。

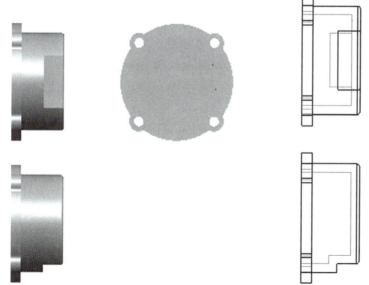

图 3-6-10　生成投影视图

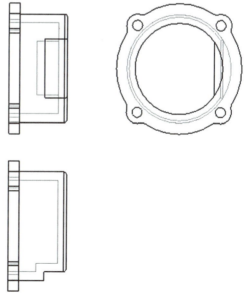

图 3-6-11　隐藏线显示模型视图

6. 将主视图更改为全剖视图。双击主视图,弹出【绘图视图】对话框,在【类别】中选择【截面】,在【剖面选项】中选择 2D 横截面,点击 ➕ ,点击【平面】–【单一】–【完成】,在弹出的【输入横截面名称】窗口输入截面名称为"A",点击【确认】按钮,选择 TOP 面为剖切面,剖切区域为"完整",点击【确定】按钮,如图 3-6-12 所示。修改视图显示方式为无隐藏线方式,此时主视图被改成了全剖视图,如图 3-6-13 所示。

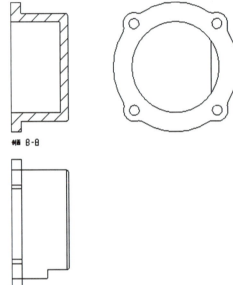

图 3-6-12　更改主视图的剖面显示方式　　　　图 3-6-13　端盖零件的三视图

7. 在现今企业生产实践中,AutoCAD 软件仍然占据了二维工程图绘制领域的主要市场,Pro/E 软件生成的工程图形可以方便地导入到 AutoCAD 软件中。此处将第 6 步中生成完毕的三视图进行保存,点击【文件】–【另存为】,在弹出的【保存副本】对话框中选择类型为【DWG（ *.dwg ）】,输入新建名称,点击【确定】按钮,在弹出的【DWG 的导出环境】对话框中选择合适的 CAD 输出版本,点击【确定】将图形保存至工作目录,如图 3-6-14 所示。

8. 这时我们打开工作目录,双击保存好的 2.dwg 文件,用 AutoCAD 软件打开工程图,如图 3-6-15 所示。

9. 在 AutoCAD 软件中如何标注尺寸与注写技术要求本书不再赘述,此处仅强调一点,尺寸标注需注意工程图输出的比例,如此例中,我们在 Pro/E 软件中生成的工程图的比例为 1∶5,如图 3-6-16 所示。

因此当该图样导出后用 AutoCAD 软件打开后,其视图比例也是 1∶5,AutoCAD 软件的标注工具测出的数据也是缩小到 1∶5 的尺寸数字,我国制图国家标准明确指出在标注零件图尺寸时尺寸数字应按照 1∶1 标注,尺寸数字标写与比例无关,所以在用 AutoCAD 软件标注尺寸时应把测到的尺寸放大 5 倍后进行注写,我们可以把【尺寸标注样式】对话框【主单位】选项卡中的测量比例因子修改为 5,这样就可以在 CAD 中标注出真实尺寸,如图 3-6-17 所示。

图 3-6-14　【保存副本】对话框

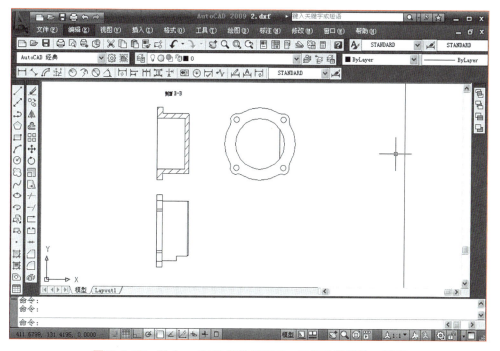

图 3-6-15　用 AutoCAD 软件打开 Pro/E 软件输出的工程图

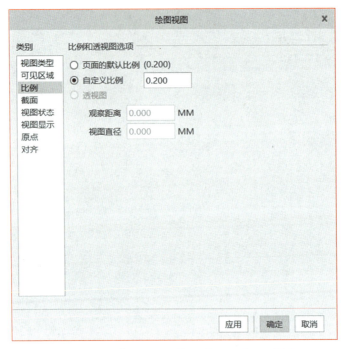

图 3-6-16 【绘图视图】对话框设置视图比例

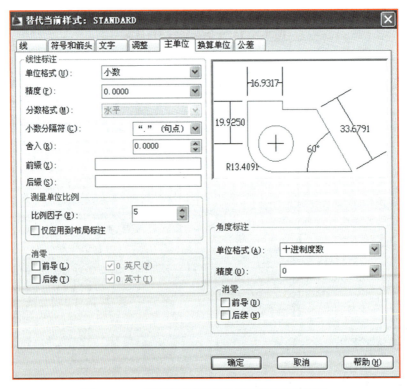

图 3-6-17 【主菜单】选项卡修改测量比例因子

想要用 AutoCAD 软件标注出 1：1 的真实尺寸数字，应满足 Pro/E 软件工程图的比例乘以 AutoCAD 软件中同一图样的比例因子等于 1。

10. 在 AutoCAD 软件下保存零件图，如图 3-6-18 所示。

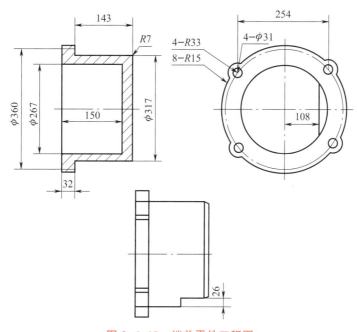

图 3-6-18　端盖零件工程图

前面介绍的装配设计是先设计零件,后进行装配的过程,是一种自下而上的设计过程。本能力拓展则介绍另一种设计的思路——自顶向下设计,也称为 Top—Down 设计,其意义是先确定整体设计思路和总体布局,然后再细化设计零部件,从而形成一个完整设计的过程,在新产品开发设计中应用广泛。

 【项目介绍】

自顶向下设计可以通过主控件技术、布局、骨架模型等方式实现,本能力拓展主要介绍利用主控件技术实现自顶向下设计的方法,这种技术适用于零件数量不多的情况。本例将通过主控件技术完成一个 U 盘的外形和结构设计,通过修改主控件的尺寸和形状,U 盘盖子与盘身都会随之变化,U 盘模型如图 3-7-1 所示。

模型

U 盘

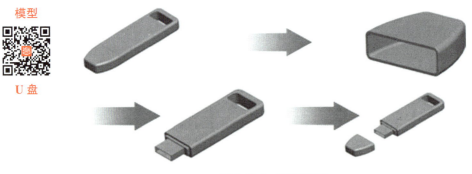

图 3-7-1　U 盘模型

 【操作步骤】

第一步:创建主控件
使用主控件技术的第一步是创建主控件,主控件应具有产品的基本特征和形状。

1. 点击【文件】-【新建】,选择【零件】类型【实体】子类型,修改名称为"3-7",取消勾选【使用默认模板】选项,点击【确定】按钮,选择"mmns_prt_solid"模板,点击【确定】进入零件环境。

2. 使用拉伸、圆角、阵列等特征设计如图 3-7-2 所示主控件模型,设计过程可自由创意发挥,可参照 3-7.prt 模型文件进行设计。点击【文件】-【保存】。

图 3-7-2　主控件模型

第二步:创建受控零件

1. 新建一个装配。点击【文件】-【新建】,选择【装配】类型【设计】子类型,选择"mmns_asm_design_abs"模板,输入新组建名称为"flashdisk"。

2. 点击【组装】命令 ，选择 3-7.prt 文件,点击【打开】选择约束类型为"默认",完成装配。

3. 点击【创建】命令 ，在弹出的【创建元件】对话框中设置参数如图 3-7-3 所示。

4. 在弹出的【创建选项】对话框中设置如图 3-7-4 所示,点击【确定】。

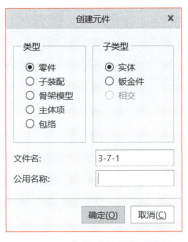

图 3-7-3　【创建元件】对话框

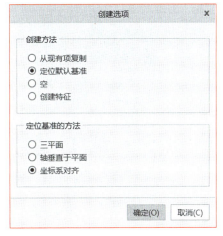

图 3-7-4　【创建选项】对话框

5. 选择 ASM_DEF_CSYS 坐标系,系统将创建空零件并通过空坐标系完成装配,如图 3-7-5、图 3-7-6 所示。

图 3-7-5 创建新零件　　　　　　　图 3-7-6 完成创建空零件

6. 按 CTRL+A 键激活组件,点击【元件】-【元件操作】命令,系统弹出如图 3-7-7 所示【元件】菜单管理器,选择【布尔运算】,在【布尔运算】对话框中选择合并处理的零件时,选择 3-7-1.prt,当提示为合并处理选择参照零件时,选择 3-7.prt,点击【确定】,如图 3-7-8、图 3-7-9所示。

图 3-7-7 【元件】菜单管理器

图 3-7-8 【布尔运算】对话框

7. 至此,已完成主控件的合并。在左侧特征树上右键单击 3-7-1.prt,选择【打开】命令,在零件环境中打开 3-7-1.prt,此零件的特征树中只有一个特征(合并 标识),如图 3-7-10 所示,这个合并特征就是引用的 3-7.prt 零件的全内容。

3-7-1.PRT
- DTM1
- DTM2
- DTM3
- CS0
- 合并 标识9
- 在此插入

图 3-7-9　完成主控件的合并　　　　图 3-7-10　受控零件的模型树

8. 点击【文件】-【保存】,保存受控件 3-7-1.prt,再点击【文件】-【另存为】,保存为 3-7-2.prt,完成 U 盘两个零件的保存。

9. 激活 3-7-1.prt,对 U 盘切开后做抽壳,如图 3-7-11 所示,完成 U 盘盖子的设计。

10. 点击【文件】-【打开】,打开 3-7-2.prt,进一步做细化设计,如图 3-7-12 所示,完成 U 盘盘身设计。

图 3-7-11　U 盘盖子　　　　图 3-7-12　U 盘盘身

第三步:装配和设计变更

采用主控件技术的优点是更改方便,可以成倍减少修改设计的工作量。因为其他零件都是由主控件合并而成,并在此基础上进行细化设计形成的不同零件,都是参考主控件生成的,此时只要修改主控件,由它生成的零件都会随之更新。

1. 激活已经创建的 Flashdisk.asm,点击【组装】命令,装入 3-7-1.prt 文件,约束类型选择为"默认"。

2. 点击【组装】命令,装入 3-7-2.prt 文件,约束类型选择为"默认"。

3. 隐藏特征树中原有的 3-7.prt 与 3-7-1.prt,如图 3-7-13 所示。

4. 点击【文件】-【打开】,打开 3-7.prt(主控件),修改其长度尺寸,点击【重新生成】命令,主控件得到更新,回到 Flashdisk.asm 并激活,点击【重新生成】命令,修改的尺寸将传递给两个受控零件。

5. 点击【文件】-【保存】,关闭窗口。

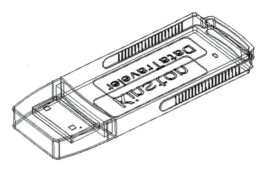

图 3-7-13　装配两个受控件

🌐 **技巧提示**

　　主控件技术的基础是参数化建模,其他自顶向下设计方法也是建立在参数化建模的基础上的,如果没有参数化特征作为坚实基础,则主控件修改、受控件变更的传递就不能实现。

单 元 练 习

　　1. 根据如图 3-8-1 所示剖视图尺寸,设计一套深沟球轴承,其中滚珠数量为 10 个,内外套各一个,分别设计出各零件并将其装配成一副完整的轴承。

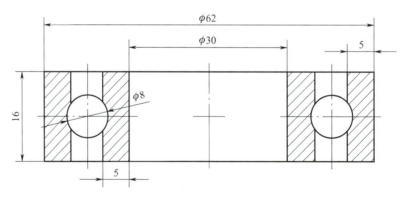

图 3-8-1　深沟球轴承

　　2. 按照如图 3-8-2 所示管钳装配图,装配管钳模型,生成分解动画,各零件图见单元二后所附单元练习。

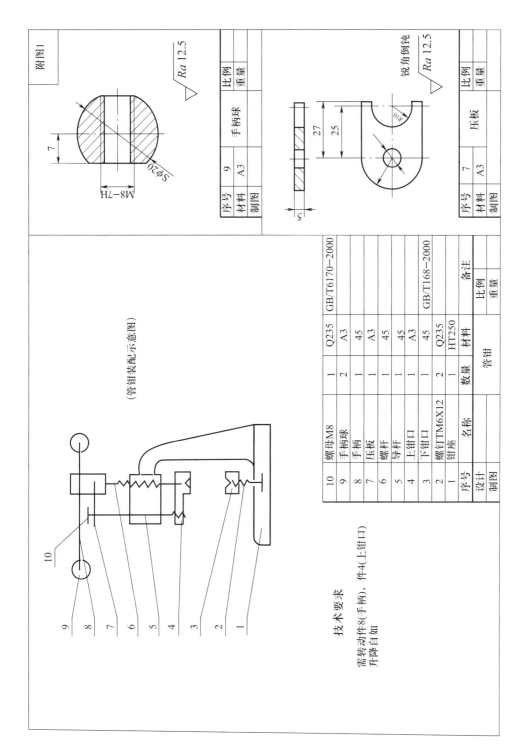

（管钳装配示意图）

技术要求

需转动件8(手柄)、件4(上钳口)
升降自如

10	螺母M8	1	Q235	GB/T6170-2000
9	手柄球	2	A3	
8	手柄	1	45	
7	压板	1	A3	
6	螺杆	1	45	
5	导杆	1	45	
4	上钳口	1	A3	
3	下钳口	1	45	GB/T168-2000
2	螺钉TM6X12	2	Q235	
1	钳座		HT250	
序号	名称	数量	材料	备注
设计			管钳	比例
制图				重量

图 3-8-2 管钳装配图

附图1

$\sqrt{Ra\ 12.5}$

序号	9		手柄球	比例
材料	A3			重量
制图				

M8-7H
Sφ20
7

锐角倒钝 $\sqrt{Ra\ 12.5}$

R10
27
25
5

序号	7		压板	比例
材料	A3			重量
制图				

3. 创建如图 3-8-3 所示管钳中下钳口零件工程图。

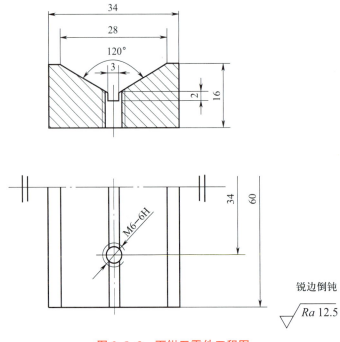

图 3-8-3　下钳口零件工程图

第四单元
典型零件的计算机辅助制造

　　本单元主要介绍计算机辅助制造。数控加工是机械加工中最常用的加工方法之一，Pro/E软件提供的强大自动编程加工模块——Pro/NC模块。这一模块主要包括各类铣削、车削、线切割等自动编程加工的实现命令。使用这些命令可以完成平面、曲面、轮廓、槽和孔系等的加工。本单元从简单的案例入手，介绍各种数控自动编程加工的方法。

项目一

平面二维图形设计加工

【项目介绍】

平板零件是较为简单的模型，本项目中将对平板零件进行铣削加工，加工过程中主要讲到的加工方法有端面铣削加工、孔加工和轮廓铣削加工等。平板零件如图 4-1-1 所示，该零件的结构比较简单，主要加工上表面、外轮廓面和四个孔。

图 4-1-1　平板零件

模型

平板

【数控加工工艺分析】

平板零件首先加工上表面，然后加工外轮廓表面，最后加工孔。加工工步的加工内容、加工方法和所用刀具见表 4-1-1。

表 4-1-1　加工工步的加工内容、加工方法和所用刀具

序号	加工内容	加工方式	所用刀具
1	上表面加工	端面铣削加工	$\phi50$ 圆柱铣刀
2	钻孔加工	孔加工	$\phi10$ 钻头
3	外轮廓表面加工	轮廓铣削加工	$\phi20$ 圆柱铣刀

【操作步骤】

1. 点击【文件】-【新建】,选择【制造】类型【NC 装配】子类型,输入名称为"1",取消勾选【使用默认模板】选项,点击【确定】按钮,在弹出的【新文件选项】对话框中选择"mmns_mfg_nc_abs"模板,点击【确定】进入数控加工环境,如图 4-1-2、图 4-1-3 所示。

图 4-1-2　【新建】对话框

图 4-1-3　【新文件选项】对话框选择模板

2. 点击【参考模型】命令 ,弹出【打开】对话框,选择模型文件 pingban.prt。点击【打开】后弹出【元件放置】工具栏,选择约束类型为"默认",从操控板中间位置可知元件完全约束。点击【确认】按钮,加载参照模型,如图 4-1-4 所示。

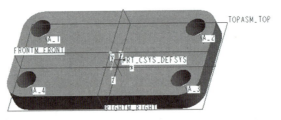

图 4-1-4　加载参照模型

3. 点击【工件】-【自动工件】命令 ,打开【创建自动工件】工具栏,选中【创建矩形工件】命令 ,创建矩形工件,如图 4-1-5 所示。点击下方【选项】选项卡,设置矩形工件的尺寸如图 4-1-6 所示。点击【确定】按钮,创建如图 4-1-7 所示工件。

4. 点击【工作中心】命令,打开【铣削工作中心】对话框,使用默认的机床名称,选择"3 轴"联动数控铣床,如图 4-1-8 所示,点击【确定】按钮。

图 4-1-5 【创建自动工件】工具栏

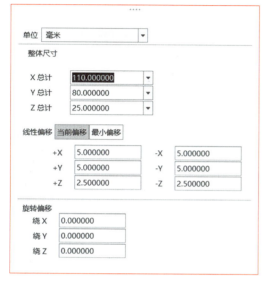

图 4-1-6 【选项】选项卡

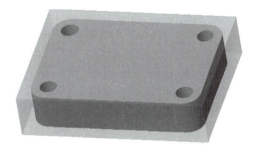

图 4-1-7 创建工件

图 4-1-8 【铣削工作中心】对话框

5. 点击【坐标系】命令,打开【坐标系】对话框,先选择工件的左侧面,再按住 CTRL 键选择工件的前面和上面,如图 4-1-9 所示。切换到坐标系对话框中的【方向】选项卡,反转坐标轴方向,最后点击【确定】按钮,在工件上表面的左下角建立一个坐标系 ACS1,如图 4-1-10 所示。

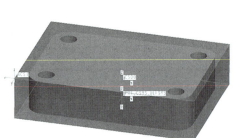

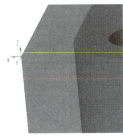

图 4-1-9　选择坐标系参照　　　　　　　　图 4-1-10　建立坐标系

6. 点击【操作】命令,弹出【操作】工具栏,选择上一步创建坐标系 ACS1,即可完成机床坐标系的定义,如图 4-1-11 所示。在【操作】工具栏的【间隙】选项卡中选择"平面"类型,选择加工的上平面,在值下拉列表框中输入 10,如图 4-1-12 所示。

图 4-1-11　【操作】工具栏

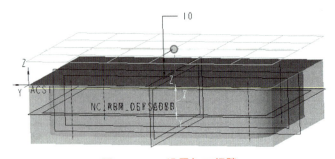

图 4-1-12　设置加工间隙

7. 点击【铣削】工具栏上的【表面】命令 ，弹出【表面铣削】工具栏,如图 4-1-13 所示。

图 4-1-13 【表面铣削】工具栏

8. 点击【刀具管理器】命令 打开【刀具设定】对话框,设置刀具参数:名称 T0001、类型为端铣削、材料为 HSS、单位为毫米、凹槽编号为 4、直径为 50、长度为 100,其余保持系统默认值,如图 4-1-14 所示,点击【应用】-【确定】,完成刀具设置。

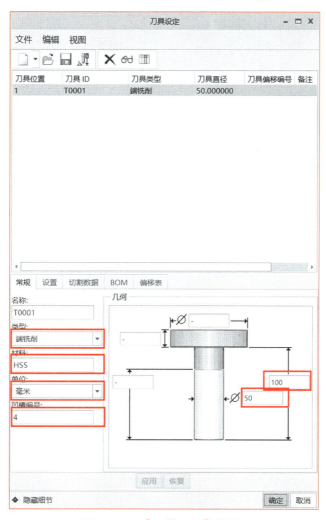

图 4-1-14 【刀具设定】对话框

9. 点击【参数】选项卡,设置铣削加工参数如图 4-1-15 所示。

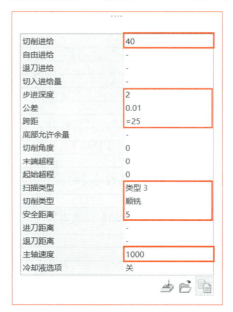

图 4-1-15 【参数】选项卡

10. 在【参考】选项卡中,点击【加工参考】,选择上平面作为铣削曲面,点击【确定】按钮,如图 4-1-16 所示。

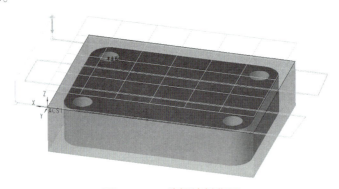

图 4-1-16 选择铣削曲面

11. 点击【制造】工具栏中的【播放路径】命令 ,如图 4-1-17 所示。系统弹出【播放路径】控制面板,如图 4-1-18,所示点击 按钮,系统开始在屏幕上动态演示刀具路径,如图所示 4-1-19 所示,刀具路径演示完后,点击【关闭】。

12. 点击【铣削】工具栏上的【标准】命令 ,弹出【钻孔】工具栏。打开【刀具设定】对话框,设置刀具参数为:名称 T0002、类型为基本钻头、材料为 HSS、单位为毫米、直径为 10、长度为 100、其余保持系统默认值,如图 4-1-20 所示,点击【应用】-【确定】,完成刀具设置。

13. 点击【参数】选项卡,设置钻孔加工参数,如图 4-1-21 所示。点击【参考】选项卡,按住 CTRL 选取 4 个安装孔的轴线,在起始面中选择上平面,终止中选择穿透,如图 4-1-22 所示,最后点击【确认】按钮。

图 4-1-17 【播放路径】命令

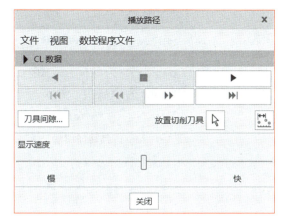

图 4-1-18 【播放路径】控制面板

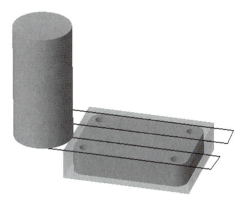

图 4-1-19 刀具路径演示

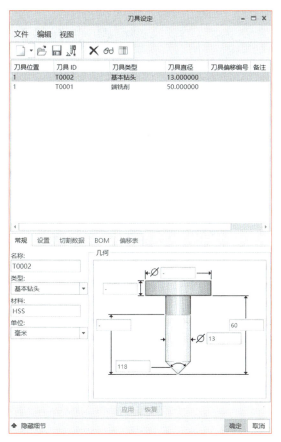

图 4-1-20 【刀具设定】对话框

图 4-1-21 【参数】选项卡

图 4-1-22 【参考】选项卡

14. 点击【制造】工具栏中的【播放路径】命令 ，点击【播放路径】控制面板中的
 按钮。系统开始在屏幕上动态演示刀具路径，如图所示 4-1-23 所示，刀具路径演示完后，点击【关闭】。

15. 点击【铣削】工具栏上的【轮廓铣削】命令，弹出【轮廓铣削】工具栏，如图 4-1-24 所示。

16. 打开【刀具设定】对话框，设置刀具参数为：名称 T0003、类型为端铣削、材料为 HSS、单位为毫米、凹槽编号为 4、直径为 20、长度为 100、其余设置为默认值，如图 4-1-25 所示，点击【应用】-【确定】，完成刀具设置。

17. 点击【参数】选项卡，如图 4-1-26 所示。

图 4-1-23　刀具路径演示

图 4-1-24　【轮廓铣削】工具栏

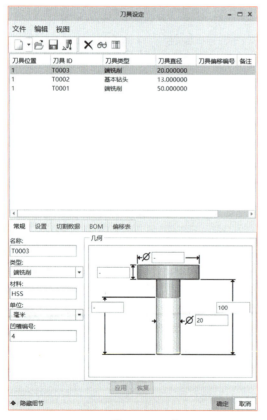

图 4-1-25　【刀具设定】对话框

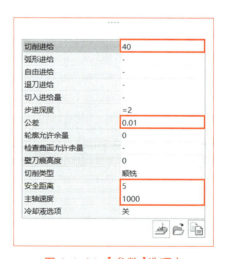

图 4-1-26　【参数】选项卡

18. 点击【参考】选项卡，选取平板的外轮廓曲面，如图 4-1-27 所示，点击【确定】按钮。

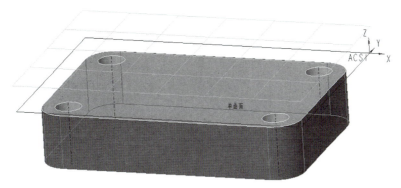

图 4-1-27　选取铣削面

19. 点击【制造】工具栏中的【播放路径】命令 ，点击【播放路径】控制面板中的 按钮。系统开始在屏幕上动态演示刀具路径，如图所示 4-1-28 所示，刀具路径演示完后，点击【关闭】。

图 4-1-28　刀具路径演示

20. 点击【保存 CL 文件】命令，弹出【选择特征】菜单管理器，点击【操作】-【OP010】命令，如图 4-1-29 所示。在弹出的【路径】菜单管理器中点击【文件】选项，弹出【输出类型】菜单管理器，如图 4-1-30 所示。在【输出类型】菜单管理器中点击【CL 文件】-【交互】-【完成】命令，系统弹出【保存副本】对话框，适用默认的文件名：OP010.ncl，点击【确定】完成 CL 文件创建。

21. 点击【对 CL 文件进行后处理】命令，系统弹出【打开】对话框，选择上一步创建的后处理文件：OP010.ncl，点击【打开】。在弹出的【后处理选项】菜单管理器中点击【详细】-【跟踪】命令，点击【完成】，在弹出的【后置处理列表】菜单管理器中选择 UNCX01.P11，系统弹出命令提示符窗口，输入程序号"0001"后，系统自动在后台进行后置处理，处理完成后 NC 代码存放在 OP010.tap 文件中。在当前工作目录下用【记事本】程序打开保存的 OP010.tap 文件，生成的数控加工程序如图 4-1-31 所示。

图 4-1-29　【选择特征】菜单管理器

图 4-1-30　【输出类型】菜单管理器

图 4-1-31　生成的数控加工程序

【项目介绍】

手柄零件是常用操作工具的把手,如图 4-2-1 所示,要加工的面是轮廓面,该轮廓面是由圆弧和直线形成的曲线,绕旋转中心旋转形成的旋转曲面,所以可以在车床上完成。对手柄零件加工过程中主要用到的加工方法有区域车削加工和轮廓车削加工。

模型

手柄

图 4-2-1　手柄零件

【数控加工工艺分析】

根据数控车削加工工艺的要求,按照先粗后精的加工原则,首先通过粗加工去除大量的加工余量,使用 Pro/NC 模块中的区域车削功能,然后通过精加工达到图纸上的精度要求,使用 Pro/NC 模块中的轮廓车削功能。加工工步的加工内容、加工方法和所用刀具见表 4-2-1。

表 4-2-1　加工工步的加工内容、加工方法和所用刀具

序号	加工内容	加工方式	所用刀具
1	粗加工	区域车削	外圆粗车刀
2	精加工	轮廓车削	外圆精车刀

【操作步骤】

1. 点击【文件】-【新建】,选择【制造】类型【NC 装配】子类型,输入名称为"2",取消勾选【使用默认模板】选项,点击【确定】按钮,在弹出的【新文件选项】对话框中选择"mmns_mfg_nc_abs"模板,点击【确定】进入数控加工环境,如图 4-2-2、图 4-2-3 所示。

图 4-2-2 【新建】对话框

图 4-2-3 【新文件选项】对话框选择模板

2. 点击【参考模型】命令,弹出【打开】对话框,然后选择模型文件"shoubing.prt",点击【打开】,弹出【元件放置】工具栏,选择约束类型为"默认",点击【确认】按钮,加载参照模型,如图 4-2-4 所示。

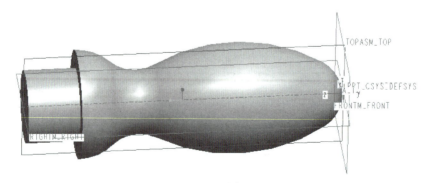

图 4-2-4 加载参照模型

3. 点击【工件】-【自动工件】命令，弹出【创建自动工件】工具栏，选择【创建圆形工件】命令，如图 4-2-5 所示。点击【选项】选项卡，设置圆柱工件的尺寸如图 4-2-6 所示。点击【确定】按钮，建立如图 4-2-7 所示工件。

4. 点击【工作中心】-【车床】命令，打开【车床工作中心】对话框，使用默认的机床名称，选择"1 个塔台车床"，如图 4-2-8 所示，点击【确定】按钮，返回操作设置对话框。

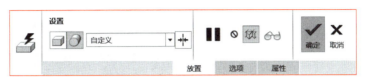

图 4-2-5 【创建自动工件】工具栏

图 4-2-6 【选项】选项卡

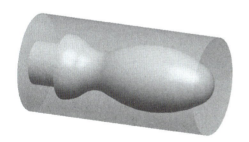

图 4-2-7 创建工件

图 4-2-8 【车床工作中心】对话框

5. 点击【坐标系】命令，打开【坐标系】对话框，先选中工件轴线作为 Z 轴，再按住 CTRL 键选取该工件的右端面，两者的交点为原点，如图 4-2-9 所示。切换到该对话框的【方向】选项卡，然后选择 NC_ASM_RIGHT 面作为 X 向的参照，接着选择 NC_ASM_FRONT 面作为 Z 向的参照，并点击【反向】使 Z 轴反向，点击【确定】按钮，建立坐标系如图 4-2-10 所示。

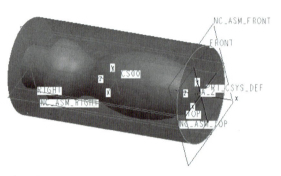

图 4-2-9　建立坐标系原点

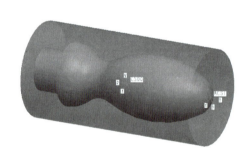

图 4-2-10　建立坐标系

6. 点击【操作】命令, 选择上一步创建坐标系 ACS1, 即可完成机床坐标系的定义, 如图 4-2-11 所示。在【操作】工具栏的【间隙】选项卡中点击曲面后选择需要加工过的面, 在值下拉列表框中输入 50, 如图 4-2-12 所示。

图 4-2-11　机床坐标系定义

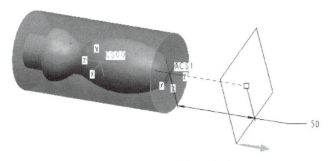

图 4-2-12　设置加工间隙

7. 点击【车削】工具栏上【区域车削】命名 ，弹出【区域车削】工具栏，如图 4-2-13 所示。

图 4-2-13　【区域车削】工具栏

8. 打开【刀具设定】对话框，设置刀具参数如图 4-2-14 所示。

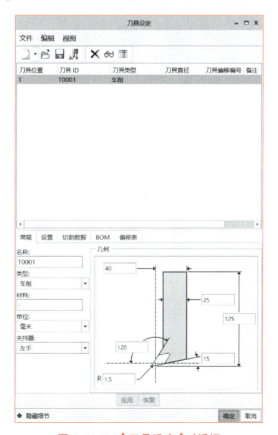

图 4-2-14　【刀具设定】对话框

9. 打开【参数】选项卡，设置车削加工参数如图 4-2-15 所示。

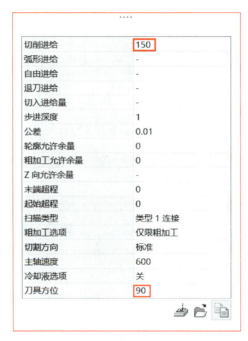

切削进给 150
弧形进给 -
自由进给 -
退刀进给 -
切入进给量 -
步进深度 1
公差 0.01
轮廓允许余量 0
粗加工允许余量 0
Z 向允许余量 -
末端超程 0
起始超程 0
扫描类型 类型 1 连接
粗加工选项 仅限粗加工
切割方向 标准
主轴速度 600
冷却液选项 关
刀具方位 90

图 4-2-15 【参数】选项卡

10. 点击【刀具运动】选项卡，点击对话框中的【在此插入】，如图 4-2-16 所示，弹出【区域车削切割】对话框，要求建立车削轮廓。

<刀具路径起点>
在此插入
编辑...
参数...
区域车削
切向进刀
切向退刀
转至点
CL 命令

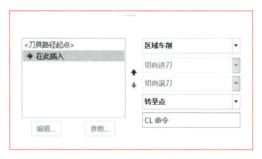

图 4-2-16 【刀具运动】选项卡

11. 点击【车削轮廓】命令，弹出【车削轮廓】工具栏，点击【使用草绘定义车削轮廓】命令，如图 4-2-17 所示。

设置
放置
轮廓
属性
确定
取消

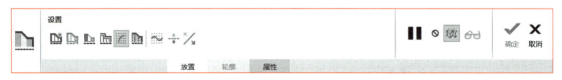

图 4-2-17 【车削轮廓】工具栏

12. 选择坐标系 **ACS1,** 点击【定义内部草绘】命令 ，弹出【草绘】对话框,提示选择参照面,选取工件的右端面为参照面,参照面的法线指向右,点击【草绘】进入草绘界面。选取中心线和工件右端面为参照面,点击右侧工具栏中的【使用边】 ,选择手柄的上边轮廓,如图 4-2-18 所示,点击【确定】按钮。系统显示去除材料的方向,如图 4-2-19 所示,点击【确定】按钮,完成车削轮廓的建立。

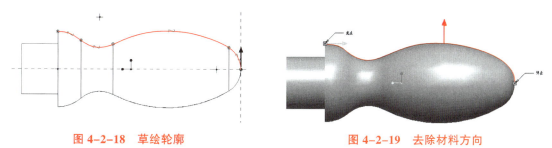

图 4-2-18　草绘轮廓　　　　　　图 4-2-19　去除材料方向

13. 点击【制造】工具栏中的【播放路径】命令 ，点击【播放路径】控制面板中的 按钮。系统开始在屏幕上动态演示刀具路径,如图所示 4-2-20 所示,刀具路径演示完后,点击【关闭】。

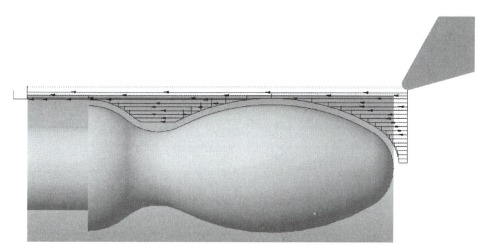

图 4-2-20　刀具路径演示

14. 点击【车削】工具栏上的【轮廓车削】命令 ，弹出【轮廓车削】工具栏,如图 4-2-21 所示。

图 4-2-21　【轮廓车削】工具栏

15. 打开【参数】选项卡,设置车削加工参数如图 4-2-22 所示。

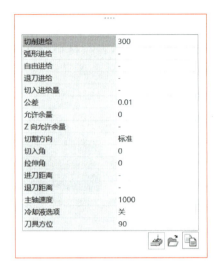

图 4-2-22　【参数】选项卡

16. 点击【刀具运动】选项卡,点击对话框中的【在此插入】,,如图 4-2-23 所示弹出【区域车削切割】对话框,要求建立车削轮廓。

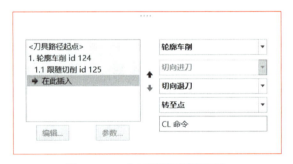

图 4-2-23　【刀具运动】选项卡

17. 点击【制造】工具栏中的【播放路径】命令 ,点击【播放路径】控制面板中的 按钮。系统开始在屏幕上动态演示刀具路径,如图所示 4-2-24 所示,刀具路径演示完后,单击关闭按钮。

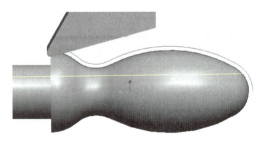

图 4-2-24　刀具路径演示

18. 点击【编辑】-【编辑 CL】命令,弹出【选择特征】菜单管理器,点击【操作】-【OP010】命令,如图 4-2-25 所示。在弹出的【路径】菜单管理器中点击【文件】,弹出【输出类型】菜单管理器,如图 4-2-26 所示。在【输出类型】菜单管理器中点击【CL 文件】-【交互】-【完成】命令,系统弹出【保存副本】对话框,适用默认的文件名:OP010.ncl,点击【确定】按钮完成 CL 文件创建。

图 4-2-25　【选择特征】菜单管理器　　　　图 4-2-26　【输出类型】菜单管理器

19. 点击【工具】-【CL DATA】-【POST PROCESS】命令,系统弹出【打开】对话框,选择上一步创建的后处理文件:OP010.ncl,点击【打开】。在弹出的【后处理选项】菜单管理器中点击【全部】-【跟踪】命令,点击【完成】,在弹出的【后置处理列表】菜单管理器中选择UNCX01.P11,系统弹出命令提示符窗口,输入程序号“0001”后,系统自动在后台进行后置处理,处理完成后 NC 代码存放在 OP010.tap 文件中。在当前工作目录下用【记事本】程序打开保存的 OP010.tap 文件,生成的数控加工程序 4-2-27 所示。

图 4-2-27　生成的数控加工程序

项目三

设计加工数码相机外壳模具型腔

 【项目介绍】

模型

数码相机外壳

　　本项目在设计数码相机外壳的基础上，利用 Pro/E 软件的【模具型腔】模块进行模具组件设计；并在完成热水瓶上罩模具零件的基础上，将前、后模文件利用【NC 组件】模块进行加工（由于凹模和凸模的加工方式相同，所以仅仅对凹模文件进行加工）。

【相关知识】

　　利用 Pro/E 软件【模具设计】模块实现塑料模具设计的基本流程，如图 4-3-1 所示。

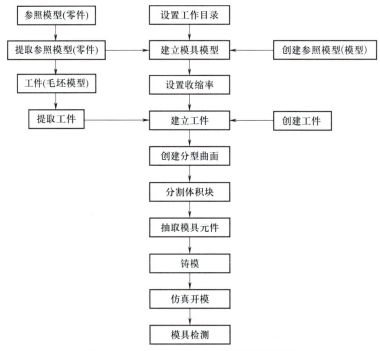

图 4-3-1　Pro/E 软件模具设计基本流程

【操作训练】

第一步：建立数码相机外壳三维模型

1. 点击【文件】-【新建】，选择【零件】类型【实体】子类型，输入名称为"3"，取消勾选【使用默认模板】选项，点击【确定】按钮，在弹出的【新文件选项】对话框中选择"mmns_prt_solid_abs"模板，点击【确定】以进入零件环境，如图 4-3-2、图 4-3-3 所示。

图 4-3-2　【新建】对话框

图 4-3-3　【新文件选项】对话框选择模板

2. 点击【拉伸】命令 ，【拉伸】工具栏如图 4-3-4 所示。选择 RIGHT 面为草绘面，使用默认参照，进入草绘环境，绘制如图 4-3-5 所示草绘，点击【确定】按钮，拉伸高度 12，得到如图 4-3-6 所示拉伸特征。

3. 点击【倒圆角】命令 ，出现【倒圆角】工具栏，如图 4-3-7 所示。输入圆角半径值 6，选中四个边角线，点击【确认】按钮，如图所示 4-3-8 所示。

图 4-3-4　【拉伸】工具栏

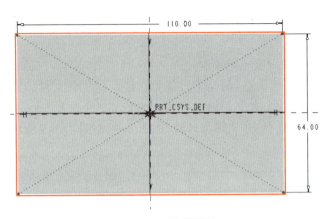

图 4-3-5 拉伸草绘

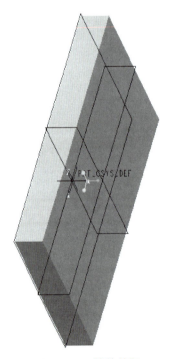

图 4-3-6 拉伸特征

图 4-3-7 【倒圆角】工具栏

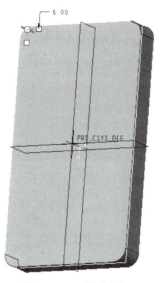

图 4-3-8 圆角特征

4. 点击【拔模】命令  ,【拔模】工具栏如图 4-3-9 所示。

图 4-3-9 【拔模】工具栏

5. 在【参考】选项卡【拔模曲面】中,按住 SHIFT 键,选择如图 4-3-10 所示实体面 1 和边线 2,结果如图 4-3-11 所示,实体面周围的 8 个面被选中。

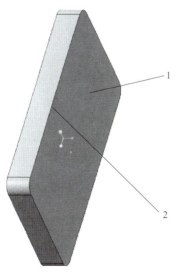

图 4-3-10 选择实体面与线

图 4-3-11 被选上的实体面

6. 选择 RIGHT 面为拔模枢轴,在角度栏中输入 5,点击【反转角度以添加或移除材料】命令,点击【确认】按钮,关闭基准面显示,开启消隐显示,结果如图 4-3-12 所示。

7. 点击【草绘】命令 ,弹出【草绘】对话框,选择该工件的上平面,在方向栏设置为顶,如图 4-3-13 所示。

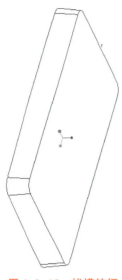

图 4-3-12　拔模特征

图 4-3-13　【草绘】对话框

8. 点击【投影】命令 ,选择实体内圈 8 条线,建立基准曲线如图 4-3-14 所示。

9. 点击【平面】命令 ,选择 RIGHT 面为参照平面,在提示对话框中平移距离 20,点击【确认】按钮,建立新基准面 DTM1,如图 4-3-15 所示。

图 4-3-14　建立基准曲线

图 4-3-15　建立新基准面

10. 点击【草绘】命令,在【草绘】对话框中选择 DTM1 为草绘平面,在方向栏中设置为顶,如图 4-3-16 所示。

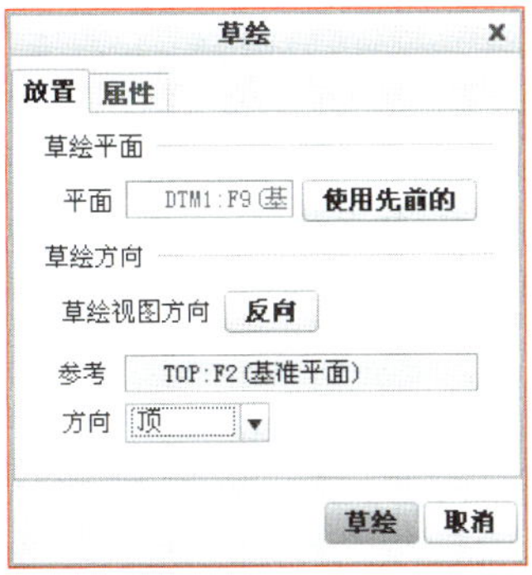

图 4-3-16 【草绘】对话框

11. 绘制如图 4-3-17 所示草绘。

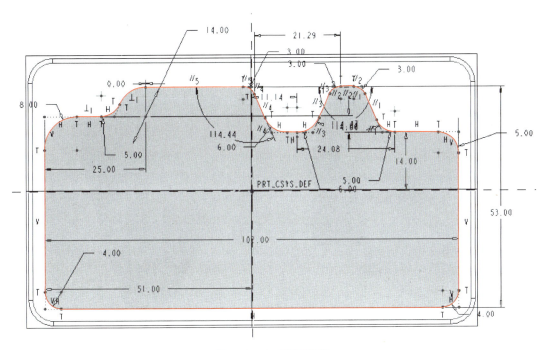

图 4-3-17 绘制草绘

12. 点击【基准】-【曲线】-【通过点的曲线】命令,如图 4-3-18 所示。

13. 点击【边界混合】命令 ，绘制边界混合曲面如图 4-3-19 所示。

14. 点击【填充】命令,绘制填充曲面,如图 4-3-20 所示。

15. 选中两曲面,点击【合并】命令,并进行实体化如图 4-3-21 所示。

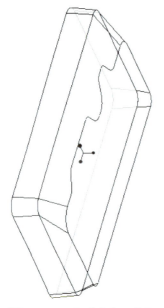

图 4-3-18　通过点建立曲线

图 4-3-19　边界混合曲面

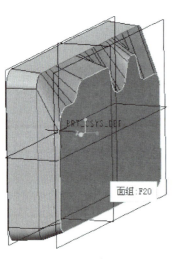

图 4-3-20　填充曲面

图 4-3-21　实体化

16. 点击【倒圆角】命令,对生成的实体化外形进行倒圆角,设置圆角半径为 1,如图 4-3-22 所示。

17. 点击【抽壳】命令,对建立的模型进行厚度为"1"的抽壳操作,如图 4-3-23 所示。

18. 点击【拉伸】命令 ,选择零件上平面为草绘面,使用默认参照,进入草绘环境,绘制如图 4-3-24 所示草绘,点击【确定】按钮,拉伸高度 0.5,得到如图 4-3-25 所示拉伸特征。

19. 点击【倒圆角】命令,对内轮廓进行倒圆角,设置圆角半径为 1,如图 4-3-26 所示。

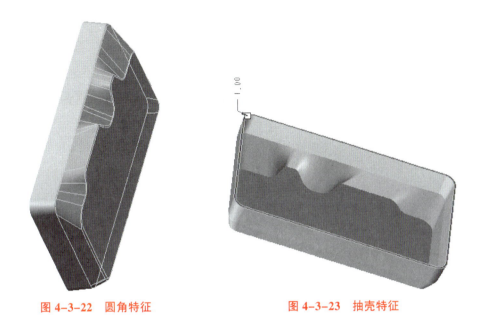

图 4-3-22　圆角特征　　　　　　　　图 4-3-23　抽壳特征

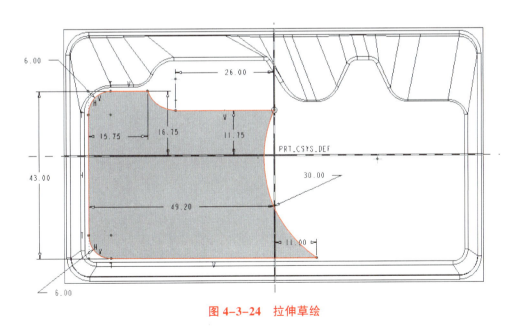

图 4-3-24　拉伸草绘

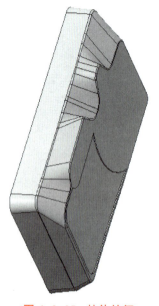

图 4-3-25 拉伸特征

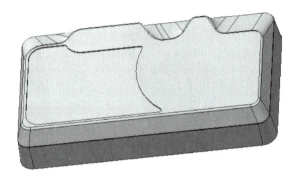

图 4-3-26 圆角特征

20. 点击【拉伸】命令 ☑ ,选择零件 TOP 面为草绘面,使用默认参照,进入草绘环境,绘制如图 4-3-27 所示草绘,点击【确定】按钮,点击【移除材料】命令,类型为贯穿,得到如图 4-3-28所示拉伸切除特征。

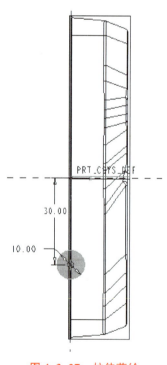

图 4-3-27 拉伸草绘

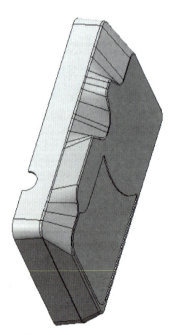

图 4-3-28 拉伸切除特征

21. 点击【拉伸】命令 ，选择零件上平面为草绘面，使用默认参照，进入草绘环境，绘制如图 4-3-29 所示草绘，点击【确定】按钮，点击【移除材料】命令，类型为贯穿，得到如图 4-3-30 所示拉伸切除特征。

22. 点击【倒圆角】命令，对右上角挖槽内侧进行倒圆角，设置圆角半径为 2，如图 4-3-31 所示。

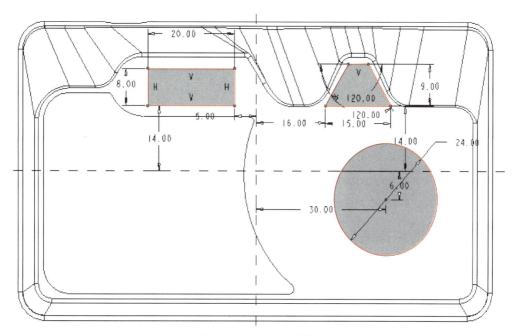

图 4-3-29　拉伸草绘

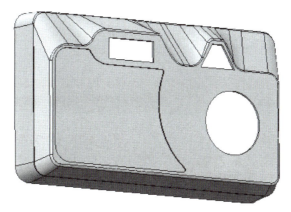

图 4-3-30　拉伸切除特征

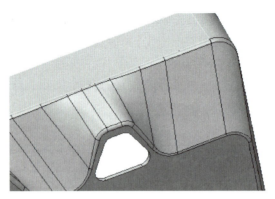

图 4-3-31　圆角特征

23. 点击【文件】-【保存】,保存文件并关闭窗口。

第二步:设计数码相机外壳的模具型腔

1. 点击【文件】-【新建】,选择【制造】类型【模具型腔】子类型,输入文件名"3",取消勾选【使用默认模板】选项,点击【确定】按钮,在弹出的【新文件选项】对话框中选择 "mmns_mfg_mold_abs"模板,点击【确定】,如图 4-3-32、图 4-3-33 所示。

图 4-3-32　【新建】对话框

图 4-3-33　【新文件选项】对话框选择模板

2. 点击【参考模型】-【组装参考模型】命令 ,打开文件"3.prt",弹出【元件放置】工具栏,如图 4-3-34 所示。

图 4-3-34　【元件放置】工具栏

3. 逐一选择参考模型 FRONT 面和 MOLD_FRONT 面重合，参考模型 TOP 面和 MOLD_RIGHT 面重合，参考模型 RIGHT 面和 MOLD_PARTING_PLN 面重合，装配结果如图 4-3-35 所示。

4. 点击【收缩】命令 ，弹出如图 4-3-36 所示【按比例收缩】对话框，在比率栏输入收缩率"0.005"，点击【确定】按钮。

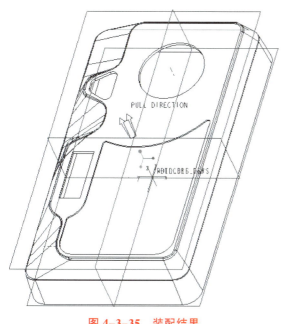

图 4-3-35 装配结果

图 4-3-36 【按比例收缩】对话框

5. 点击【工件】-【创建工件】命令，弹出【元件创建】对话框，如图 4-3-37 所示。在名称栏输入毛坯工件名称"maopi"，点击【确定】按钮。

6. 系统弹出【创建选项】对话框，如图 4-3-38 所示，选择【创建特征】选项，点击【确定】按钮。

图 4-3-37 【元件创建】对话框

图 4-3-38 【创建选项】对话框

7. 点击【拉伸】命令 ，选择 MOLD_FRONT 面为草绘面，使用默认参照，进入草绘环境，绘制如图 4-3-39 所示草绘，点击【确定】按钮，拉伸为双面拉伸 150，得到如图 4-3-40 所示拉伸特征。

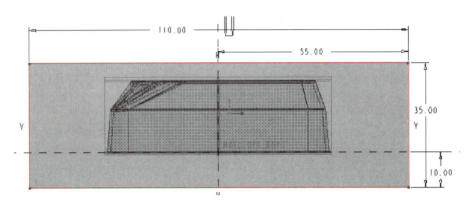

图 4-3-39　拉伸草绘

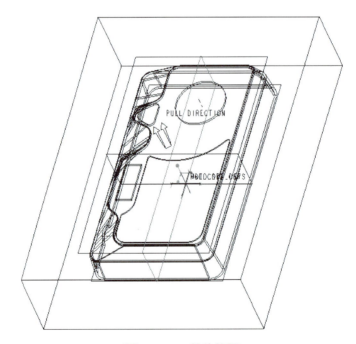

图 4-3-40　拉伸特征

8. 点击【轮廓曲线】命令 ，弹出【轮廓曲线】对话框，如图 4-3-41 所示，点击【环选择】命令，显示如图 4-3-42 所示零件裙边曲线。

9. 点击【分型面】命令 ，点击【曲面设计】-【裙边曲面】命令，在弹出的【链】菜单管理器中选择上述曲线并点击【完成】，在【裙边曲面】选项卡中点击【确定】按钮，如图 4-3-43 所示。

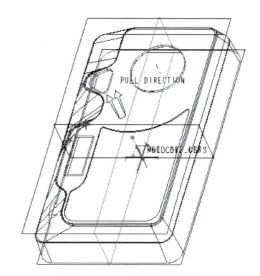

图 4-3-42　零件裙边曲线

图 4-3-41　【轮廓曲线】对话框

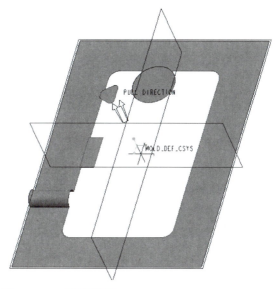

图 4-3-43　裙边曲面

10. 点击【模具体积块】命令　，弹出如图 4-3-44 所示【切割体积块】菜单管理器。

11. 在【分割】对话框中选择分型面，在体积块名称中输入"TUMO"，并着色，如图 4-3-45 所示。

12. 在【分割】对话框中选择分型面，在体积块名称中输入"AOMO"，并着色，如图 4-3-46 所示。

13. 点击【模具原件】命令　，弹出【创建模具元件】对话框，如图 4-3-47 所示。

图 4-3-44　【分割体积块】菜单管理器

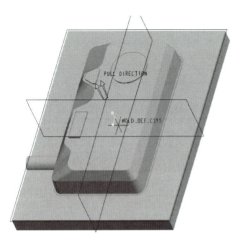

图 4-3-45 分割体积块—凸模

图 4-3-46 分割体积块—凹模

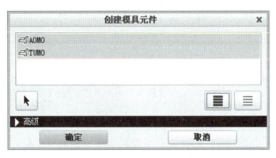

图 4-3-47 【创建模具元件】对话框

第三步：自动编程加工凹模

1. 点击【文件】-【新建】，选择【制造】类型【NC 装配】子类型，输入名称为"aomo"，取消勾选【使用默认模板】选项，点击【确认】按钮，在弹出的【新文件选项】对话框中选择"mmns_mfg_nc"模板，点击【确定】进入数控加工环境，如图 4-3-48、图 4-3-49 所示。

图 4-3-48 【新建】对话框

图 4-3-49 【新文件选项】对话框选择模板

2. 点击【参考模型】命令 ，弹出【打开】对话框，选择模型文件 aomo.prt，调整工件如图 4-3-50 所示。

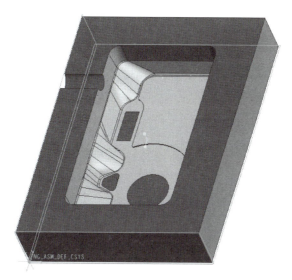

图 4-3-50 加载参照模型

3. 点击【工件】-【自动工件】命令 ，打开【创建自动工件】工具栏，点击【创建矩形工件】命令 ，创建如图 4-3-51 所示矩形工件。点击【确定】按钮，创建如图 4-3-52 所示工件。

图 4-3-51 【创建自动工件】工具栏

图 4-3-52 创建工件

4. 点击【坐标系】命令 ，打开【坐标系】对话框，先选择工件的左侧面，再按住 CTRL 键选择工件的前面和上面，如图 4-3-53 所示。切换到【坐标系】对话框中的【方向】选项卡，反转坐标轴方向，点击【确定】按钮，在工件上表面的左下角建立一个坐标系 ACS1，如图 4-3-54 所示。

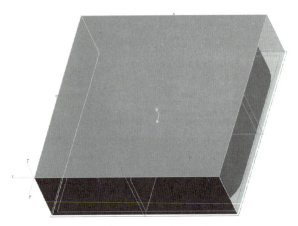

图 4-3-53　选择坐标系参照

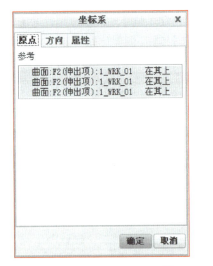

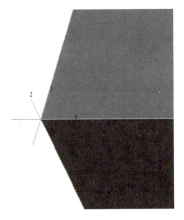

图 4-3-54　建立坐标系

5. 点击【工作中心】命令 ，打开【铣削工作中心】对话框，使用默认的机床名称，选择"3 轴"联动数控铣床，如图 4-3-55 所示。

6. 点击【操作】命令 ，弹出【操作】工具栏，在【间隙】选项卡下设置退刀平面，其余接受默认选项，如图 4-3-56 所示，退刀平面效果如图 4-3-57 所示。在坐标系选择中选择刚建立的坐标 ACS1，如图 4-3-58 所示。

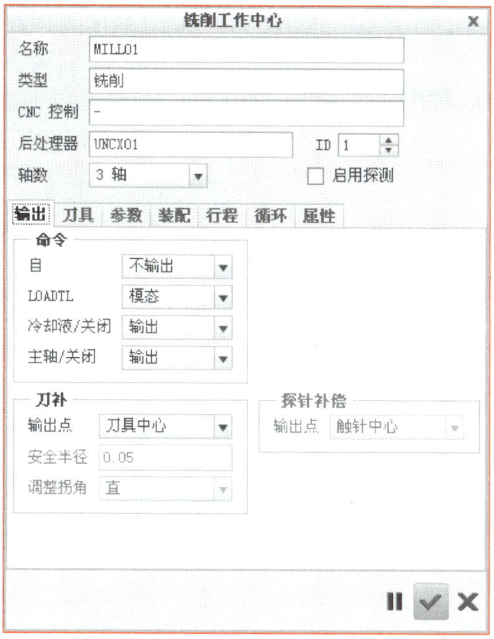

图 4-3-55 【铣削工作中心】对话框

图 4-3-56 【间隙】选项卡

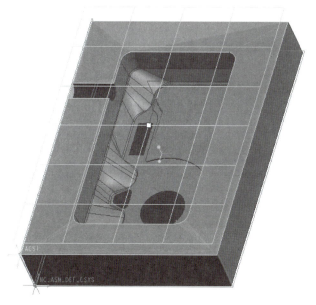

图 4-3-57 退刀平面效果

图 4-3-58 选择坐标系

7. 点击【铣削】工具栏中【铣削】-【曲面铣削】命令 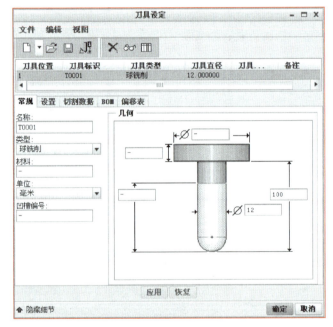，弹出【NC序列】菜单管理器，如图4-3-59所示。

8. 点击【完成】，系统打开【刀具设定】对话框，按图4-3-60所示设置刀具。

图4-3-59　【NC序列】菜单管理器

图4-3-60　【刀具设定】对话框

9. 选择模型AOMO.prt，框选加工曲面如图4-3-61所示。

10. 点击【切削定义】对话框【确定】完成曲面铣削的加工，如图4-3-62所示。点击【播放路径】命令，或在模型树中右击刚建立的曲面铣削，在弹出的右键菜单中点击【播放路径】命令，如图4-3-63所示。

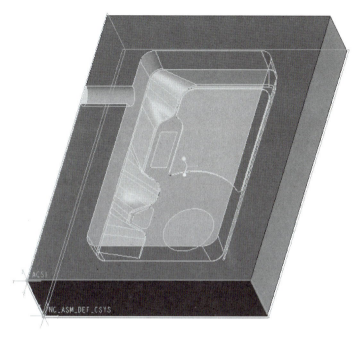

图 4-3-61 框选加工曲面

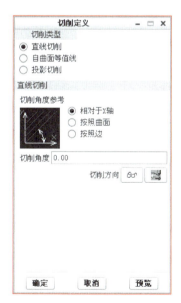

图 4-3-62 【切削定义】对话框

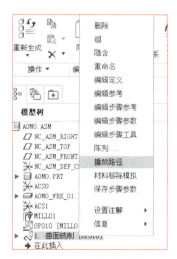

图 4-3-63 播放路径

11. 点击【播放路径】控制面板中的 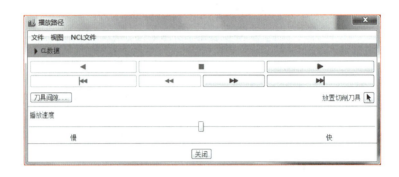 按钮。系统开始在屏幕上动态演示刀具路径,如图所示 4-3-64 所示,刀具路径演示完后,点击【关闭】。

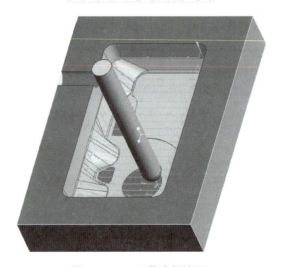

图 4-3-64　刀具路径演示

12. 后处理操作对每一个工序 G 代码的输出都一样,此处我只详细介绍面铣削的后处理操作。轨迹演示完毕后点击【文件】菜单下【另存为 MCD】,系统弹出【后处理选项】对话框,选择【同时保存 CL 文件】【详细】【追踪】,如图 4-3-65 所示。

13. 点击【输出】-【保存 CL 文件】命令,系统弹出【保存副本】对话框,输入名称即可(只限字母和数字)。点击【确定】按钮,系统弹出【后处理列表】菜单管理器如图 4-3-66 所示。选择一个后处理类型,系统弹出一窗口,按 Enter 键即可完成后处理的输出。到此为止,整个后处理操作就完成了。可以到保存文件里找到类型为 TAP 格式的文本,即为输出的后处理代码。

图 4-3-65 【后处理选项】对话框

14. 在当前工作目录下用【记事本】程序打开保存的 3.tap 文件,生成的数控加工程序 4-3-67 所示。

图 4-3-66 【后处理类型】
菜单管理器列表

图 4-3-67 生成的数控加工程序

 【知识拓展】

1. 铸模

点击菜单管理器中【铸模】-【创建】,在屏幕下方的文本编辑框中输入 molding,作为铸模成形零件的名称,点击【确定】即可生成铸模零件。若要察看铸模零件的形状,可在模型树中,用鼠标右键单击 MOLDING.PRT,在弹出的右键菜单中点击【打开】命令,就会看到铸模零件效果图。

2. 模具检测

为了便于从塑件中抽出型芯或从型腔中脱出塑件,通常要在塑件沿脱模方向的内外表面上设置拔模斜度。点击菜单管理器中【模具进料孔】-【定义间距】-【拔模检测】-【双侧】-【全颜色】-【完成】,在【拔模方向】菜单管理器中点击【指定】-【平面】;也可通过选取主菜单中【分析】-【模具分析】选项进行模具检测。

【思考与练习】

1. 完成如图 4-3-68 所示的香皂盒下盖的模具设计。

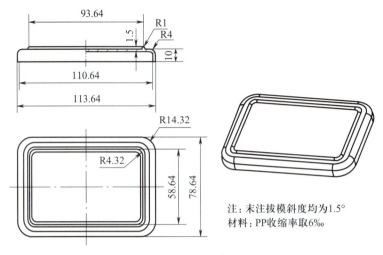

注：末注拔模斜度均为1.5°
材料：PP收缩率取6‰

图 4-3-68 香皂盒下盖

2. 完成如图 4-3-69 所示的钟表前盖的实体造型和模具设计。

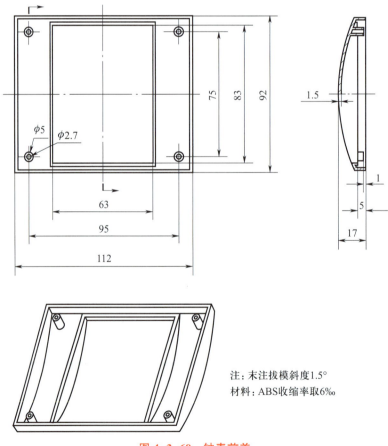

注：末注拔模斜度1.5°
材料：ABS收缩率取6‰

图 4-3-69 钟表前盖

五边形零件线切割加工

【项目介绍】

本项目主要对五边形零件进行线切割加工，五边形零件不但结构简单而且具有代表性，如图 4-4-1 所示五边形零件需要加工的面是五边形的轮廓外表面，加工过程中主要用到的加工方法为二轴仿形线切割。

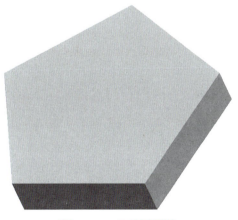

模型

五边形
零件

图 4-4-1 五边形零件

【数控加工工艺分析】

五边形零件在线切割时采用两轴数控线切割机床，NC 序列时采用仿形加工方法，由于要求的加工精度不高，所以经过粗加工来完成。

【操作步骤】

1. 点击【文件】-【新建】，选择【制造】类型【NC 装配】子类型，输入名称为"4"，取消勾选【使用缺省模板】选项,点击【确定】按钮,在弹出的【新文件选项】对话框中选择"mmns_mfg_nc_abs"模板,点击【确定】以进入数控加工环境,如图4-4-2、图4-4-3所示。

图4-4-2 【新建】对话框

图4-4-3 【新文件选项】对话框选择模板

2. 点击【参考模型】命令 ,弹出【打开】对话框,选择模型文件 wubianxing.prt。点击【确定】后弹出【元件放置】工具栏,选择约束类型为"默认",点击【确定】按钮,加载参照模型,如图4-4-4所示。

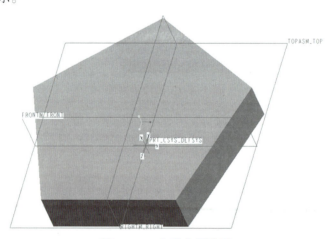

图4-4-4 加载参照模型

3. 点击【工件】-【自动工件】命令 ,弹出【创建自动工件】工具栏,点击【创建矩形工件】命令 ,创建如图4-4-5所示矩形工件。点击【选项】选项卡,设置矩形工件的尺寸如图4-4-6所示。点击【确定】,创建如图4-4-7所示工件。

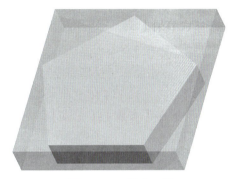

图 4-4-5　【创建自动工件】工具栏

图 4-4-6　【选项】选项卡

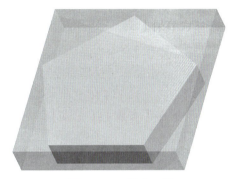

图 4-4-7　创建工件

　　4. 点击【工作中心】-【线切割】命令,弹出【WEDM 工作中心】对话框,使用默认的机床名称,选择"2 轴",如图 4-4-8 所示。点击【确定】按钮返回操作设置对话框。

　　5. 点击【坐标系】命令,弹出【坐标系】对话框,先选择工件的左侧面,再按住 CTRL 键选择工件的前面和上面,如图 4-4-9 所示。点击【坐标系】对话框中的【方向】选项卡,反转坐标轴方向,点击【确定】按钮,在工件上表面的左下角建立一个坐标系 ACS1,如图 4-4-10 所示。

图 4-4-8　【WEDM 工作中心】对话框

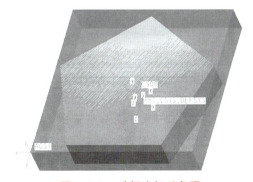

图 4-4-9　选择坐标系参照

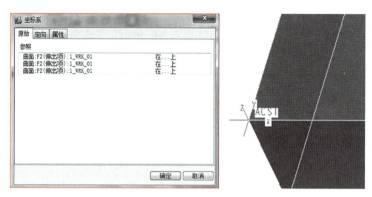

图 4-4-10 建立坐标系

6. 点击【操作】命令选择上一步创建坐标系 ACS1，如图 4-4-11。在【操作】工具栏的【间隙】选项卡中点击曲面后选择需要加工过的面，在值下拉列表框中输入 50，如图 4-4-12 所示。

7. 点击【线切割】-【轮廓加工】命令 ，在弹出的【NC 序列】菜单管理器中点击【序列设置】-【刀具】-【参数】-【完成】命令，如图 4-4-13 所示。

图 4-4-11 【操作】工具栏

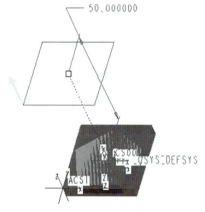

图 4-4-12 设置加工间隙

图 4-4-13 【NC】序列菜单管理器

8. 弹出【刀具设定】对话框，设置刀具参数：名称 T0001、类型为仿形切削、单位为毫米、直径为 4、长度为 100，其余保持系统默认值，如图 4-4-14 所示。点击【应用】-【确定】按钮，完成刀具设置。

9. 弹出【编辑序列参数"轮廓加工线切割"】对话框，设置铣削加工参数如图 4-4-15 所示。

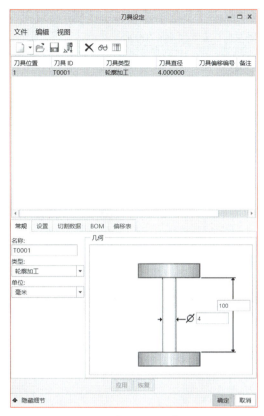

图 4-4-14 【刀具设定】对话框

图 4-4-15 【编辑序列参数
"轮廓加工线切割"】对话框

10. 点击【确定】弹出如图 4-4-16 所示【自定义】对话框和图 4-4-17 所示【CL 数据】窗口。点击【自定义】对话框中的【插入】按钮,系统自动打开【WEDM 选项】菜单管理器,依次点击【粗加工】-【草绘】-【完成】命令,如图 4-4-18 所示。

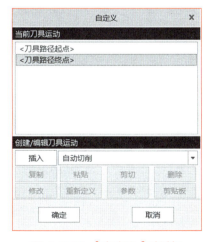

图 4-4-16 【自定义】对话框

图 4-4-17 【CL 数据】窗口

231

11. 弹出【切割】菜单管理器,依次点击【螺纹点】-【草绘】-【偏移】-【粗加工】-【完成】命令,如图 4-4-19 所示。弹出【定义点】菜单管理器,如图 4-4-20 所示。

图 4-4-18　【WEDM 选项】　　　图 4-4-19　【切割】菜单管理器　　　图 4-4-20　【定义点】
菜单管理器　　　　　　　　　　　　　　　　　　　　　　　　　　　菜单管理器

12. 点击【点】命令 ![图标], 系统弹出【基准点】对话框,选取工件上表面右下角顶点,点击【确定】按钮,在工件的上表面右下角顶点建立一个基准点,如图 4-4-21 所示。点击【确定】按钮返回【定义点】菜单管理器,点击【完成 / 返回】命令。

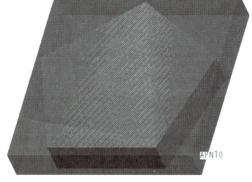

图 4-4-21　创建工件上的基准点

13. 弹出【设置草绘平面】菜单管理器,提示选取草绘平面,选取工件的底面作为绘图面,系统打开草绘视图菜单,点击【右】命令,如图 4-4-22 所示。选取工件的右侧面,进入草绘界面。选取工件的前侧面和右侧面为参照,点击右侧工具栏上【使用边】命令,依次选取五边形的五条边作为加工路径,如图 4-4-23 所示。

14. 弹出【内部减材料偏距】菜单管理器,点击【右】命令,如图 4-4-24 所示,使箭头方向朝外即刀具朝外偏移,如图 4-4-25 所示,点击【完成】命令。

15. 返回【切割】菜单管理器,点击【演示切减材料】命令能看到刀具的轨迹,如图 4-4-26

所示。观察刀具轨迹是否满意，如果满意就可以点击【切割】菜单管理器中的【确认切减材料】命令。系统打开【跟随切削】对话框，如图 4-4-27 所示。接受默认设置，点击【确定】按钮，然后点击【自定义】对话框中的【确定】按钮。

图 4-4-22 【设置草绘平面】菜单管理器

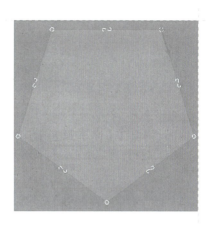

图 4-4-23 绘制的加工路径

图 4-4-24 【内部减材料偏距】菜单管理器

图 4-4-25 偏移方向

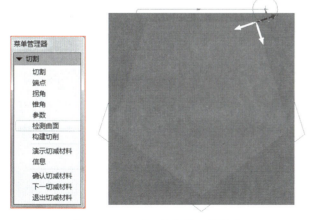

图 4-4-26 演示切割的刀具轨迹

图 4-4-27 【跟随切削】对话框

16. 点击【制造】工具栏中的【播放路径】命令 ⬛，点击【播放路径】控制面板中的 ▶ 按钮，如图所示 4-4-28 所示。系统开始在屏幕上动态演示刀具路径，如图所示 4-4-29 所示，刀具路径演示完后，点击【关闭】。

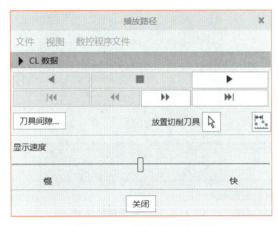

图 4-4-28　播放路径对话框

图 4-4-29　刀具路径演示

17. 点击【保存 CL 文件】命令，弹出【选取特征】菜单管理器，点击【操作】-【OP010】命令，如图 4-4-30 所示。在弹出的【路径】菜单管理器中点击【文件】命令，弹出【输出类型】菜单管理器，如图 4-4-31 所示。在【输出类型】菜单管理器中点击【CL 文件】-【交互】-【完成】命令，系统弹出【保存副本】对话框，适用默认的文件名：OP010.ncl，点击【确定】完成 CL 文件创建。

图 4-4-30　【选取特征】菜单管理器

图 4-4-31　【输出类型】菜单管理器

18. 点击【工具】-【CL DATA】-【POST PROCESS】命令,系统弹出【打开】对话框,选择上一步创建的后处理文件:OP010.ncl,点击【打开】。在弹出的【后处理选项】菜单管理器中点击【全部】-【跟踪】命令,点击【完成】,在弹出的【后置处理】列表中选择UNCX01.P12,系统弹出命令提示符窗口,输入程序号"0001"后,系统自动在后台进行后置处理,处理完成后 NC 代码存放在 OP010.tap 文件中。在当前工作目录下用【记事本】程序打开保存的 OP010.tap 文件,生成的数控加工程序 4-4-32 所示。

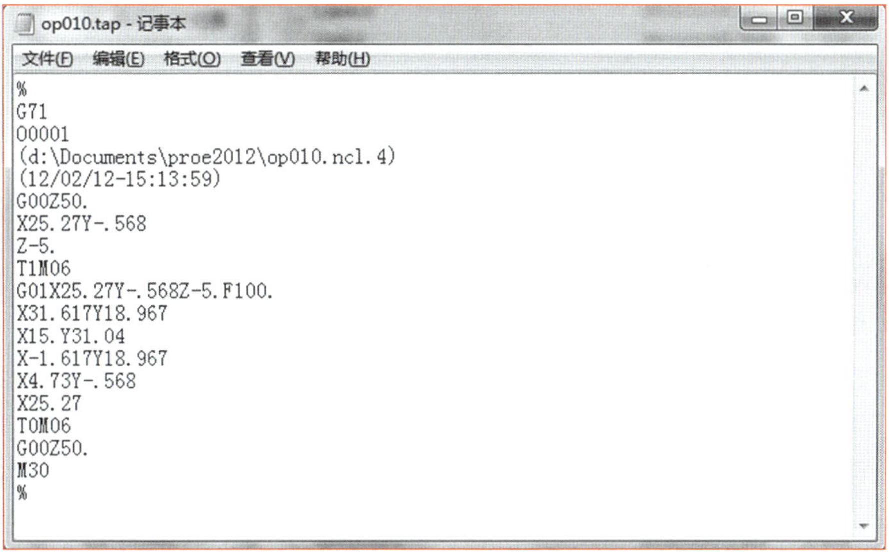

```
op010.tap - 记事本
文件(F)  编辑(E)  格式(O)  查看(V)  帮助(H)
%
G71
O0001
(d:\Documents\proe2012\op010.ncl.4)
(12/02/12-15:13:59)
G00Z50.
X25.27Y-.568
Z-5.
T1M06
G01X25.27Y-.568Z-5.F100.
X31.617Y18.967
X15.Y31.04
X-1.617Y18.967
X4.73Y-.568
X25.27
T0M06
G00Z50.
M30
%
```

图 4-4-32　生成的数控加工程序

能力拓展

3D 打印技术概述

 【项目介绍】

三维打印机又名 3D 打印机、3D 成型机、三维成型机、立体打印机等,在当今的工业中应用越来越广泛。3D 打印技术大大缩短的建模、浇铸等工序,提高了制作和生产的效率。

 【背景】

3D 打印已经成为一种潮流,并开始广泛应用在设计领域,尤其是工业设计、数码产品开模等,可以在数小时内完成一个磨具的打印,节约了很多产品的研发时间。

3D 打印机可以用各种原料打印三维模型,使用 3D 辅助设计软件,工程师设计出一个模型或原型之后,通过相关公司生产的 3D 打印机进行 3D 打印,打印的原料可以是有机或者无机的材料,例如橡胶、塑料等,不同的打印机厂商所提供的打印材质不同。

 【原理】

3D 打印是添加剂制造技术的一种形式,在添加剂制造技术中三维对象是通过连续的物理层创建出来的。3D 打印机相对于其他的添加剂制造技术而言,具有速度快,价格便宜,高易用性等优点。

3D 打印机就是可以"打印"出真实 3D 物体的一种设备,功能上与激光成型技术一样,采用分层加工、迭加成形,即通过逐层增加材料来生成 3D 实体,与传统的去除材料加工技术完全不同。称之为"打印机"是参照了其技术原理,因为分层加工的过程与喷墨打印十分相似。随着这项技术的不断进步,我们已经能够生产出与原型的外观、感觉和功能极为接近的 3D 模型。

说的简单一点,3D 打印是断层扫描的逆过程,断层扫描是把某个东西"切"成无数叠加的片,3D 打印是一片一片的打印,然后叠加到一起,成为一个立体物体。

【设计】

2010 年 3 月,一位名为恩里科·迪尼(Enrico Dini)的发明家设计出了一种神奇的 3D 打印机,它甚至可以"打印"出一幢完整的建筑,如图 4-5-1 所示为 3D 打印物。

据恩里科·迪尼介绍,这种打印机的原料主要是沙子。当打印机开始工作时,它的上千个喷嘴中会同时喷出沙子和一种镁基胶。这种特制的胶水会将沙子黏成像岩石一样坚固的固体,并形成特定的形状,然后只需要按照预先设定的形状一层层喷上这种材料,最终就可以"打印"一个完整的雕塑或者教堂建筑。

图 4-5-1　3D 打印物

【应用】

本能力拓展项目以凳子(图 4-5-2)为例介绍 3D 打印过程。

图 4-5-2　凳子 3D 模型

【思路分析】

首先用"shining3dcura"软件打开基体,然后设置参数,再进行切片,最后 3D 打印,其创建流程如图 4-5-3 所示。

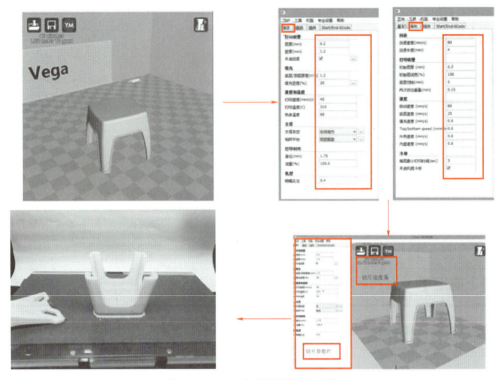

图 4-5-3　3D 打印凳子创建流程

【创建步骤】

1. 打开软件

双击桌面 shining3dcura 快捷方式打开软件，进入软件主界面，如图 4-5-4 所示。

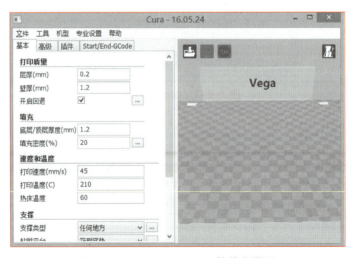

图 4-5-4　shining3dcura 软件主界面

2. 打开凳子 .stl 文件

点击菜单栏中 LOAD 图标 ![](），选择凳子 .stl 文件，如图 4-5-5。

图 4-5-5　打开文件

3. 设置参数

Step1　设置【基本】对话框如图 4-5-6 所示。

Step2　设置【高级】对话框如图 4-5-7 所示。

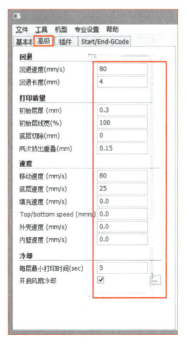

图 4-5-6　【基本】对话框　　　　　图 4-5-7　【高级】对话框

Step3　进入【专业设置】对话框如图 4-5-8 所示。

Step4　设置【专业设置】对话框如图 4-5-9 所示。

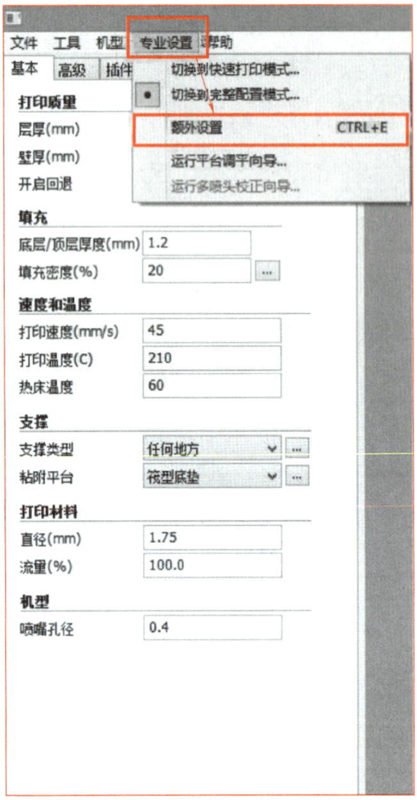

图 4-5-8　进入【专业设置】对话框

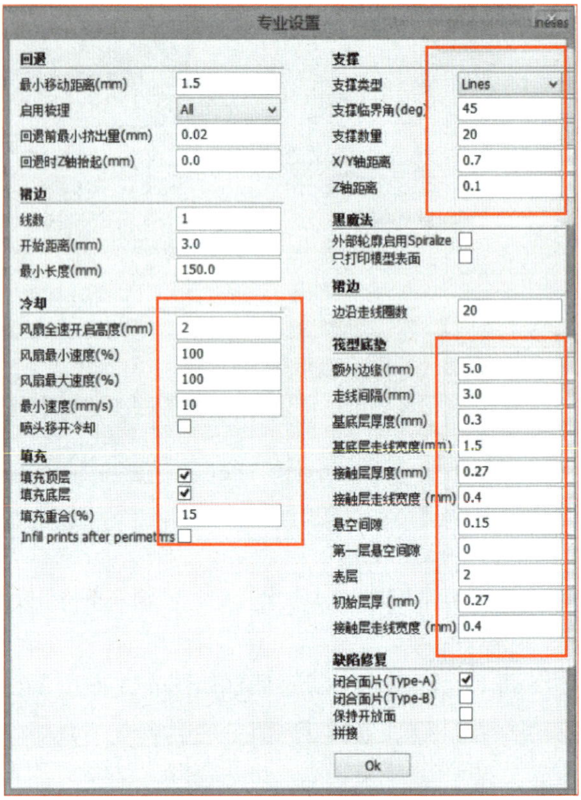

图 4-5-9　【专业设置】对话框

4. 观察模型

模型的旋转、放大、缩小以及查看支承的情况,如图 4-5-10 所示。

5. 模型切片

文件导入后软件将自动按照参数设置进行切片,切片进度由模型视图窗口上方进度条显示,如图 4-5-11 所示。

6. 导出文件

切片完成导出 Gcode 文件。点击【保存】选择路径,确认文件名(仅限英文字母或数字),如图 4-5-12 所示。

7. 导入 SD 卡

将保存好的 Gcode 文件下载到 SD 卡中,插入机器卡槽进行打印,如图 4-5-13 所示。

8. 机器调平

所有出厂机器都已调试好。机器可以根据以下方式进行校对:喷嘴与平台之间的距离以一张 A4 纸能在两点之间顺利通过为标准,以喷嘴与平台距离最小,但又不会刮到平台为最佳调试状态。调平时注意观察打印区域。

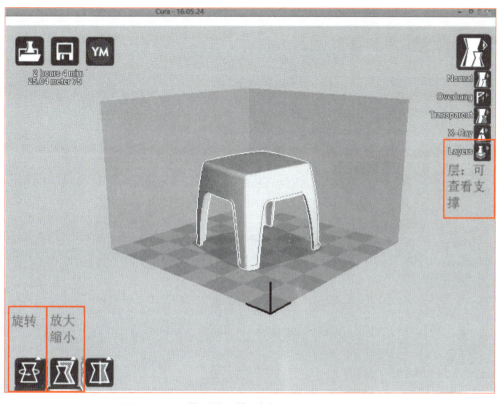

图 4-5-10　模型的旋转、放大、缩小以及查看支承

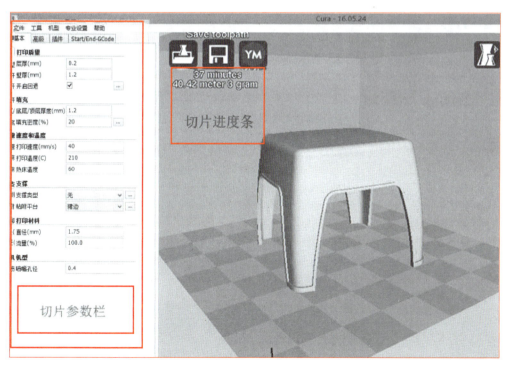

图 4-5-11　模型切片

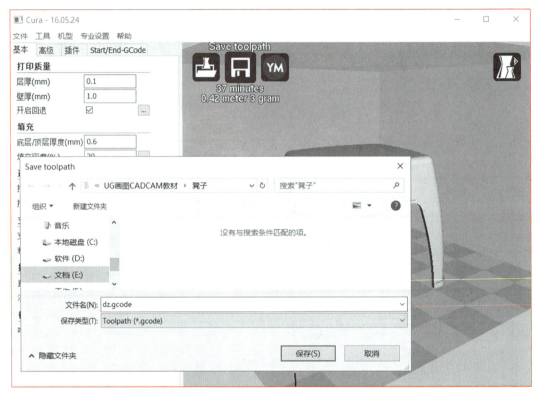

图 4-5-12　导出文件

图 4-5-13　导出 SD 卡

Step1　打开电源开关,进入菜单操作界面,点击菜单中【调平】按钮,如图 4-5-14 所示。

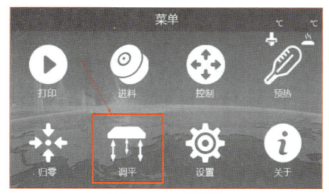

图 4-5-14　机器调平

Step2　Vega 为半自动调平,点击三个圆点,定点调平,如图 4-5-15 所示。

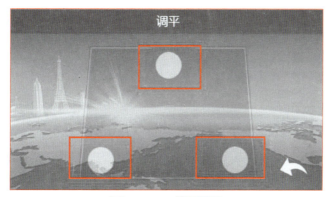

图 4-5-15　调平界面

Step3　通过打印平台下方 3 颗螺丝旋钮按照标准来进行调平,如图 4-5-16 所示。

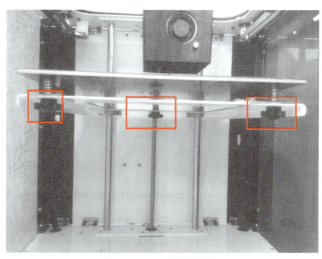

图 4-5-16　调平螺丝

Step4 以一张 A4 纸能正常通过的标准确定调平效果,如图 4-5-17 所示。

图 4-5-17 调平标准

9. 基本打印操作流程

Step1 组装料架,打开配件包装盒,组装料架,如图 4-5-18 所示。

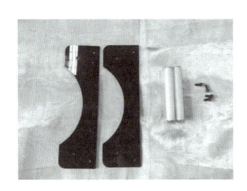

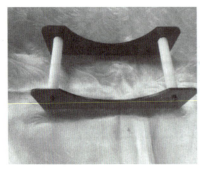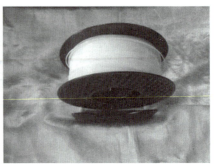

图 4-5-18 组装料架

Step2　预热,如图 4-5-19 所示。

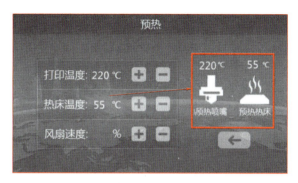

图 4-5-19　预热

Step3　进料,等待打印温度达到 220℃时,点击【进料】,当手感觉到有吸入的情形时,方可松手,如图 4-5-20 所示。

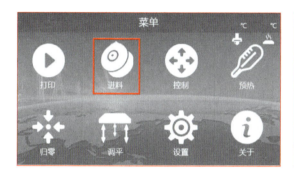
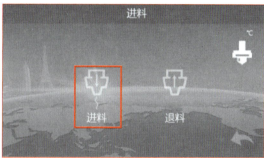

图 4-5-20　进料

Step4　打印,点击【打印】,选择文件,如图 4-5-21 所示。

图 4-5-21　打印

Step5　取出模型,用铲刀的斜口把旁边翘起就可以取下模型,如图 4-5-22 所示。

Step6　退料,退料时注意当材料往外退时,手扶住材料稍微用力向外拉(提醒:待喷嘴温度加热到 220℃时,机器才会开始退料),如图 4-5-23 所示。

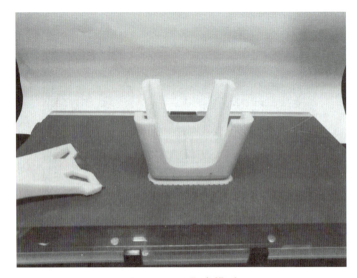

图 4-5-22 取出模型

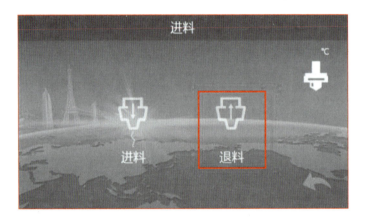

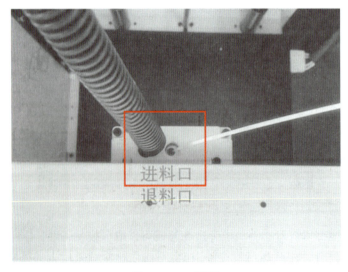

图 4-5-23 退料

单 元 练 习

1. 使用边界混合的方法建立如图 4-6-1 所示的叶片零件并使用 cura 软件进行 3D 打印设置完成叶片零件的 3D 打印。

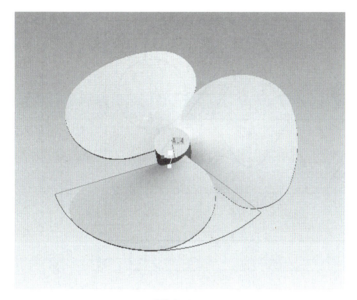

图 4-6-1

2. 使用 Pro/E 软件进行如图 4-6-2 所示零件的建模及数控车削加工。

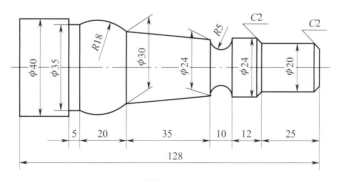

图 4-6-2

3. 使用 Pro/E 软件进行如图 4-6-3 所示零件的建模及数控铣削加工。

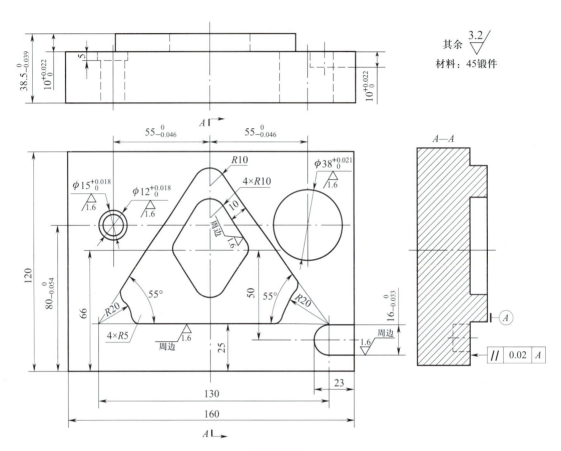

图 4-6-3

主要参考文献

［1］余强,周京平.Pro/E 机械设计与工程应用精选 50 例［M］.北京:清华大学出版社,2007.

［2］郭茜,高巍.模具 CAD/CAM 技术训练［M］.北京:中国铁道出版社,2012.

［3］佟河亭,冯辉.Pro/ENGINEER 机械设计习题精解［M］.北京:人民邮电出版社,2004.

［4］张军峰.Pro/ENGINEER Wildfire 5.0 产品设计与工艺基本功特训［M］.北京:电子工业出版社,2012.

［5］陈鹤,张岱元.CAD/CAM 实训指导——Pro/E 软件应用实例［M］.北京:高等教育出版社,2004.

［6］徐字明.CAD/CAM 实训指导——Pro/E-Cimatron 软件应用实例［M］.北京:高等教育出版社,2006.

［7］钟日铭.Creo 3.0 从入门到精通［M］.北京:机械工业出版社,2015.

［8］陈桂山.Creo Parametric 5.0 从入门到精通［M］.北京:电子工业出版社,2019.

［9］黄志刚、杨士德.Creo Parametric 6.0 中文版从入门到精通［M］.北京:人民邮电出版社,2020.